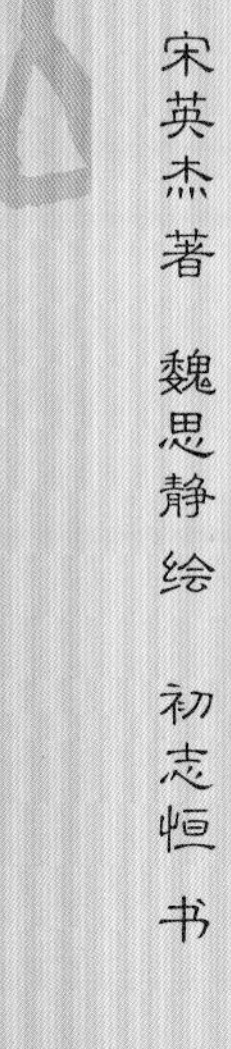

图说七十二候

宋英杰 著

魏思静 绘

初志恒 书

内容简介

本书以“图文一体”的理念诠释七十二候的丰富内涵：通过原创的七十二候图，呈现七十二候中各个候应的真实场景；通过科学诗意的文字，诠释各个候应的内在含义。

书中的七十二候图，绘制过程用时2年，每张图的细节都经过严谨科学考证，甄选出最具代表性的元素后进行绘制，在呈现节气更替中大自然生命力的同时保证了科学准确性；作品包括天、地、人三个视角，涵盖昼夜对比图、剖面图，这种方式优于古画、摄影作品，呈现出其无法实现的科学部分。

书中还收录28幅精美书法作品，由当代书法家初志恒书写。其中4幅诠释季节，每幅有两句，前一句出自《尔雅·释天》，后一句出自《尔雅注疏》；另外24幅诠释节气及七十二候，出自清代《钦定授时通考》所载明代《群芳谱》。

本书力求还原七十二候的“真容”，展示了自然的神奇与魅力，同时展现出中国传统文化中所蕴含的独特智慧与韵味，图文双美，科学性与欣赏性兼具。

图书在版编目（CIP）数据

图说七十二候 / 宋英杰著. -- 北京 : 气象出版社, 2024.7

ISBN 978-7-5029-8118-1

Ⅰ. ①图… Ⅱ. ①宋… Ⅲ. ①物候学－普及读物 Ⅳ. ①Q142.2-49

中国国家版本馆CIP数据核字(2023)第247135号

审图号：GS京（2024）0750号

图说七十二候
Tu Shuo Qishier Hou
宋英杰 著　魏思静 绘　初志恒 书　　齐鹏然 统筹

出版发行：气象出版社
地　　址：北京市海淀区中关村南大街46号　邮政编码：100081
电　　话：010-68407112（总编室）　010-68408042（发行部）
网　　址：http://www.qxcbs.com　E-mail：qxcbs@cma.gov.cn
责任编辑：殷　淼　终　　审：张　斌
责任校对：张硕杰　责任技编：赵相宁
封面设计：北京追韵文化发展有限公司
印　　刷：北京地大彩印有限公司
开　　本：889 mm×1194 mm　1/16　印　　张：17.5
字　　数：309千字
版　　次：2024年7月第1版　印　　次：2024年7月第1次印刷
定　　价：158.00元

序言

七十二候中的候应，最初是月的物候标识。月尺度的物候标识中，有些变成了节气，例如孟春之月的物候标识“始雨水”变成了雨水节气，季秋之月的物候标识“霜始降”变成了霜降节气；有些变成了候应，变成了五天一候这个精细化时段的物候标识。

但我们所说的“物候”，既有惊蛰一候桃始花、二候仓庚鸣这样的花鸟物候，也有春分二候雷乃发声、清明三候虹始见、大暑三候大雨时行这样的天气物候，还有大暑二候土润溽暑、秋分三候水始涸、立冬一候水始冰这样的环境物候。因此，七十二候是中国古人所创制的二十四节气体系内的广义物候历。

物候历的好处，是时间有了鲜活的情节和故事，有了藉以共情的画面感。所以七十二候在我的眼里，是中国出品的刻画生态时间的精彩“连续剧”。

小时候，我是把七十二候当作节气歌谣来背诵的。那是我背诵的节气歌谣中篇幅最长、也最枯燥的一个。跟“立夏鹅毛住，小满鸟来全”这种一听就懂的节气歌谣比，七十二候实在是太无趣了！七十二候中的各种候应，别说是啥意思了，就连其中的很多字，我也是上了大学之后才能“对号入座”的。例如：

清明二候田鼠化为“鴽”。

芒种二候“鵙”始鸣。

大雪一候“鶡鴠”不鸣。

小寒三候雉始“雊”。

倘若没研究七十二候，可能一辈子都不会跟这些字打交道的。

其实不光是生僻字了，即使是认识的字，也未必知道它背后的确切语义。例如：

立夏一候“蝼蝈”鸣，到底蝼蝈是什么呀？

小暑一候温风“至”，“至”是到来的意思吗？

夏至三候半夏“生”，夏至的时候，是半夏的哪一部分“生”呢？

大暑一候腐“草”为“萤”，草怎么能变成萤火虫呢？

立秋二候“白露”降，还没到白露节气呢，怎么立秋就有白露了呢？

七十二候真是越琢磨，问题越多，都快是“十万个为什么”了。有些需要文化回溯，有些需要以现代科学的逻辑进行推演。然后，再把它们都画出来，都译出来。这本《图说七十二候》，就是我们对七十二候的“翻译”。

在“翻译”的路上，不断发现问题、解析问题的感觉，真好！

宋英杰

2024年5月小满时节

目 录

春
Spring
夏
Summer
秋
Autumn
冬
Winter

了解七十二候

为什么要绘制七十二候

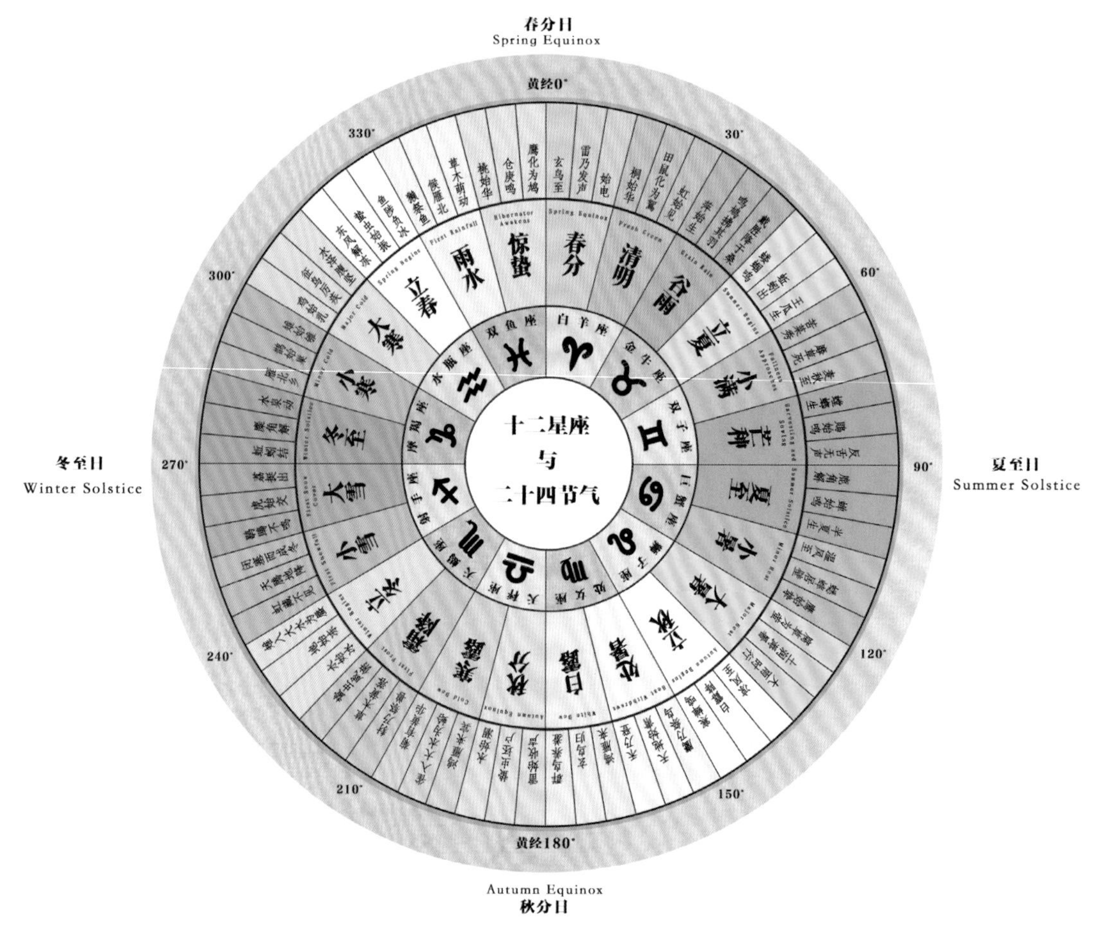

黄经刻度视角下的十二星座、二十四节气、七十二候
（中国天气·二十四节气研究院王廷宇绘制）

七十二候，是中国古代经典的物候历，是对气候的物化表达。所以，立形于前、行文于后，以图文一体的理念诠释七十二候的丰富内涵，古之学者便已孜孜以求。

上古时期便有“河图洛书”，古人甚至有“图乃书之祖也”的理念，图为经、文为纬，图文并举才构成解读自然之学的经纬。

宋代学者郑樵《通志·图谱略》载："古之学者，为学有要，置图于左，置书于右；索象于图，索理于书。"

对于图文一体地诠释七十二候，图的部分有很多学者是采用摄影的方式。但摄影图存在一定的局限。

局限一，中国古人对于时令物象的观测有仰视、平视、俯视的视角差异。仰视，如白露一候鸿雁来；平视，如惊蛰一候桃始华；俯视，如立春二候蛰虫始振。

七十二候中"俯视"类的候应，属于"掘地三尺"才能得见的物象，很难借助摄影的方式呈现。例如反映蛰虫作息的候应，立春二候蛰虫始振、秋分二候蛰虫坯户、霜降三候蛰虫咸俯、小暑二候蟋蟀居壁、冬至一候蚯蚓结，等等。

局限二，一些生物现已罕见或绝迹，例如清明二候田鼠化为鴽；一些物候项的代表性行为难以捕捉，例如雨水一候獭祭鱼、霜降一候豺乃祭兽、大雪二候虎始交，等等。

所以相较而言，以图绘的方式更能够完整地呈现七十二候中各个物候项的特征化场景和行为。

在古代，已经有了一些版本的七十二候图绘。这些图绘具有丰厚的文化价值。但存在的问题在于：

第一，就七十二候的科学性而言，古代图绘存在一定的认知局限。

左图：传为[南宋]夏圭《月令图》之大雪一候"鹖鴠不鸣"（故宫博物院藏）
右图：或为明代女真人依照[明]李泰《四时气候集解》绘制的《七十二候图》之大雪一候"鹖鴠不鸣"（北京保利2021秋拍）

例如大雪一候鹖鴠不鸣，古代的图绘中通常是将“鹖鴠”绘为锦鸡。

而像春分二候雷乃发声、三候始电这样的候应，古代图绘中通常是呈现雷公、电母在空中制造雷电。这是古人逻辑自洽的一种解读方式，但当代图绘当呈现物候现象的自然属性。

第二，在古代图绘中，对于发生于地下的物候现象，通常是以回避的方式，代之以地面上的物象，并未真实呈现地下的物候状态，以地上场景的写意替代地下场景的写实。

基于此，我们以科学性为前提，力求以图的方式呈现七十二候中各个候应的真实场景，以文字的方式诠释各个候应的内在含义，力求还原七十二候的“真容”。

特别鸣谢书法家初志恒先生解读季节、节气及其候应的墨宝。心存感恩。

书法作品中的文字，诠释季节的，前一句出自《尔雅·释天》，后一句出自《尔雅注疏》。诠释节气及节气候应的，出自清代《钦定授时通考》所载的明代《群芳谱》。

另外，鸣谢中国天气·二十四节气研究院张永宁对七十二候相关的古代典籍进行了全面查证，齐鹏然对全书图文进行了梳理校对，隋伟辉、信欣、孙凡迪、王廷宇、魏丹以及英语天气节目主播Bo-Yee Poon和潘一可等参与了数据分析、图形绘制、英译等工作。

什么是七十二候

单独说“候”，它的知名度很低，但我们熟知它的另一个出场方式——词语“气候”。

气，代表15天左右的时段，二十四节气，最初就被称为“二十四气”；候则代表5天左右的时段。它们既代表时间，也代表某个时间段落或节点的气象特征。古代观测气象现象的“候气”一词、现代表征气象规律的“气候”一词，都与“气”“候”二字有关，可见气与候之历久弥新。

七十二候，是节气体系中的广义物候历，是中国古人观察时令的范式和生态时间的叙事主线。

七十二候的本质，一是将“天上的时间”折算成“地上的时间”，由天文历变为物候历。二是在二十四节气基础上将“时间分辨率”由15天左右细化到5天左右的精算方式。

可以说，二十四节气和七十二候是以天文进行时间刻画，以气候进行规律表征，以物候进行精细注解的时间文化体系。

竺可桢先生将中华民族五千年审视自然规律的历史分为4个时期：考古时期、物候时期、方志时期、仪器时期。其中，物候时期为公元前1100年至公元1400年，最为漫长。可以说，中华民族有着深厚的物候历文化传统。

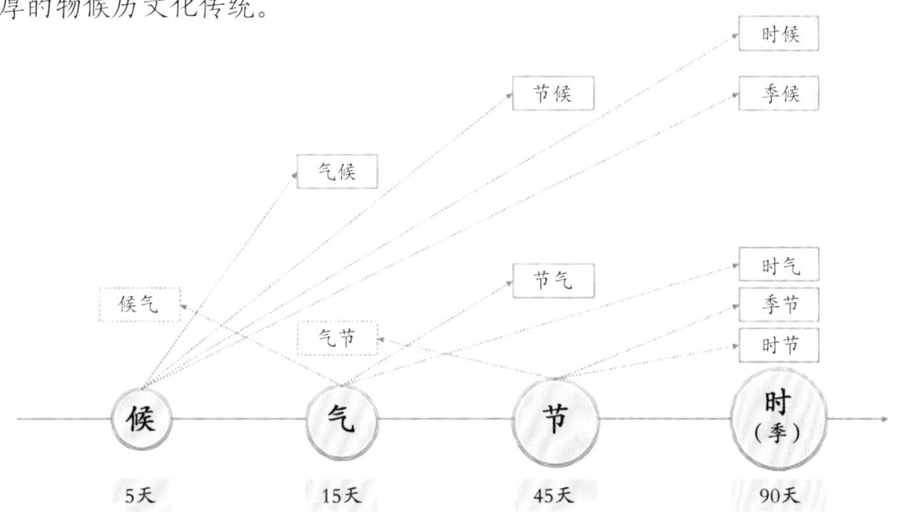

（太阳历）日和年之间的各种时间尺度/时、节、气、候相关词汇

我们常用的还有“时候”一词，时和候都是古代的时间尺度。

《黄帝内经·素问·六节藏象论》载：**“五日谓之候，三候谓之气，六气谓之时，四时谓之岁，而各从其主治焉。”**

在中国古代准等长的四季体系中，“时”表征季节。在四时的起承转合中，人们遵循春生夏长秋收冬藏的自然节律。4个季节如同4个段落，每个段落都有着不同的农事主题、养生主旨。

时，是一个主题段落中最大的时间尺度；候，是一个主题段落中最小的时间尺度。它们分别是对农耕社会主题化人文时间段落的概括方式和精算方式。

五日谓之候，三候谓之气，六气谓之时，四时谓之岁。

时（准90天）	立春	雨水	惊蛰	春分	清明	谷雨
候（准5天）	立春一候					

各节气的色彩，是基于二十四节气色谱中的天文算法。

时候一

时，我们以春为例；候，我们以立春一候为例。

春这个“时”的主题是生；立春一候这一“候”的主题是冰雪开始消融。

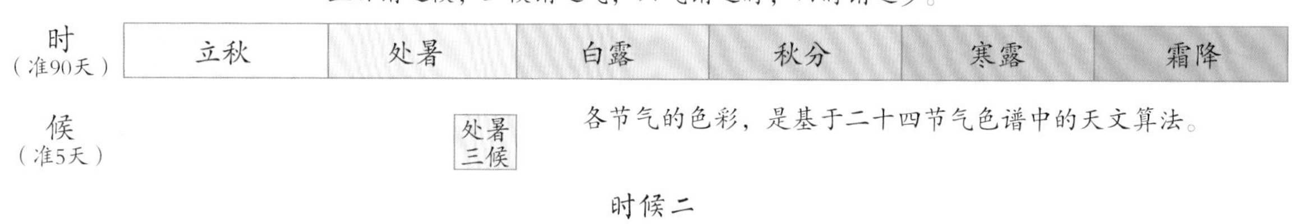

时候二

时，我们以秋为例；候，我们以处暑三候为例。

秋这个“时”的主题是收；处暑三候这一“候”的主题是主粮开始收获。

因此，“时候”一词包含了以“四立”划分的人们主题化生活段落的宏观与微观。由此而论，看似平常的“时候”一词，其意深矣！

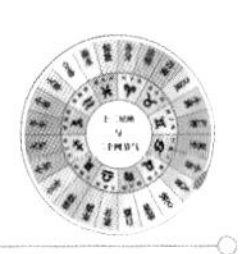

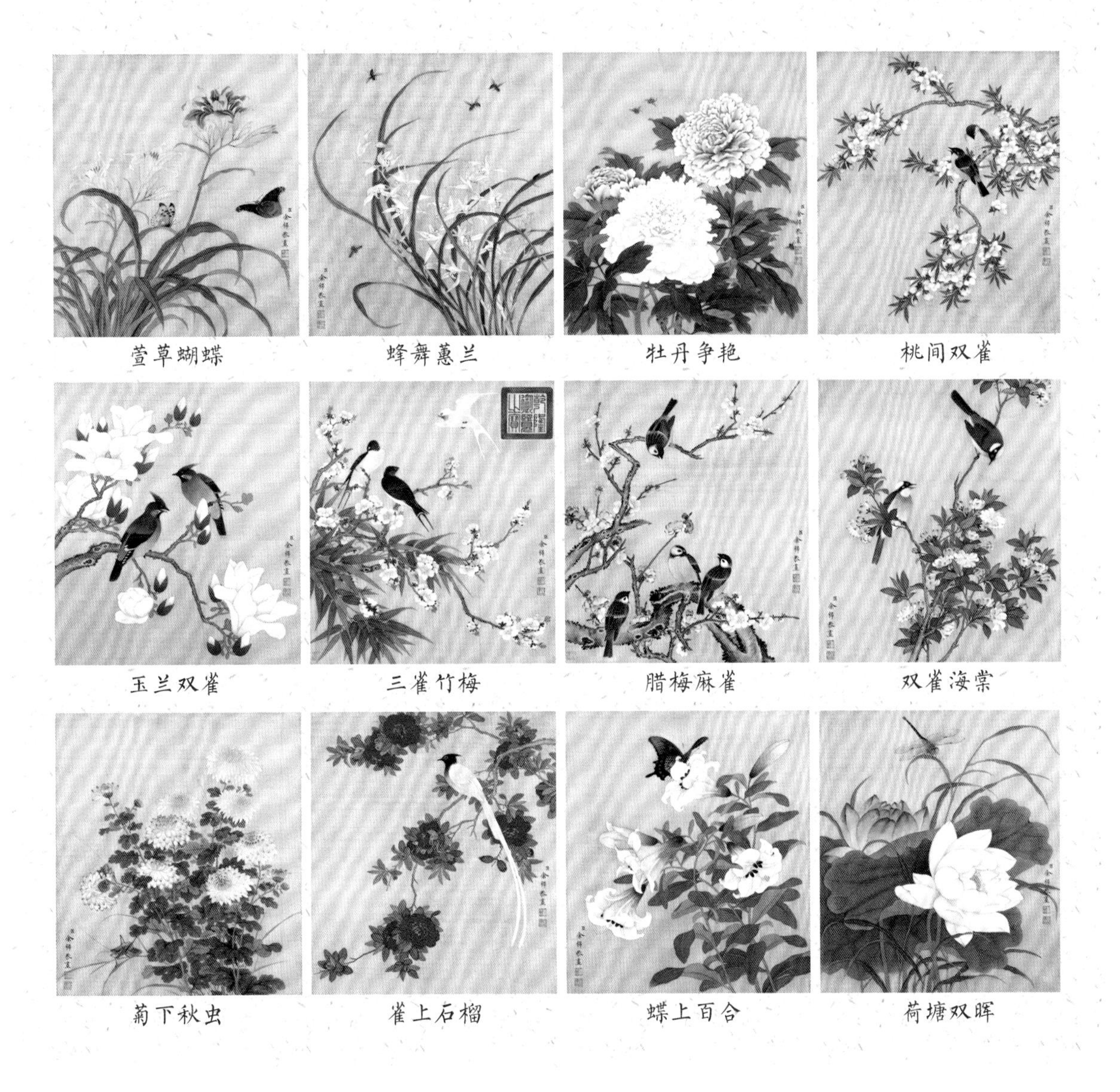

[清]余穉《花鸟图册十二开》（故宫博物院藏）

在中国古代绘画中，鸟虫物候与草木物候往往是“共现”的，它们是绘画艺术中经典的“CP（组合）”题材。

七十二候，是二十四节气体系内最经典的物候历。

七十二候，也常常被说成七十二物候，是以物候现象表征时序系列。每一候的物候标识，也被称为“候应”，即候尺度内生物或环境有怎样的反应。在《吕氏春秋·十二纪》等先秦典籍中，已有七十二候中的所有物候标识，只不过那时是作为月令体系的物候标识，还没有严谨地对应5天一候这个时间单位。

在节气体系创立之后，月令体系中物候现象被借用并框定在节气尺度内，形成了二十四节气的七十二候。

二十四节气及其七十二候，又渐由夜观天象的仰望，变成品味乡土的俯视，进而形成乡土之中的沉浸式体验。

本质而言，二十四节气的七十二候是一种时间尺度，是对二十四节气的时段细化。

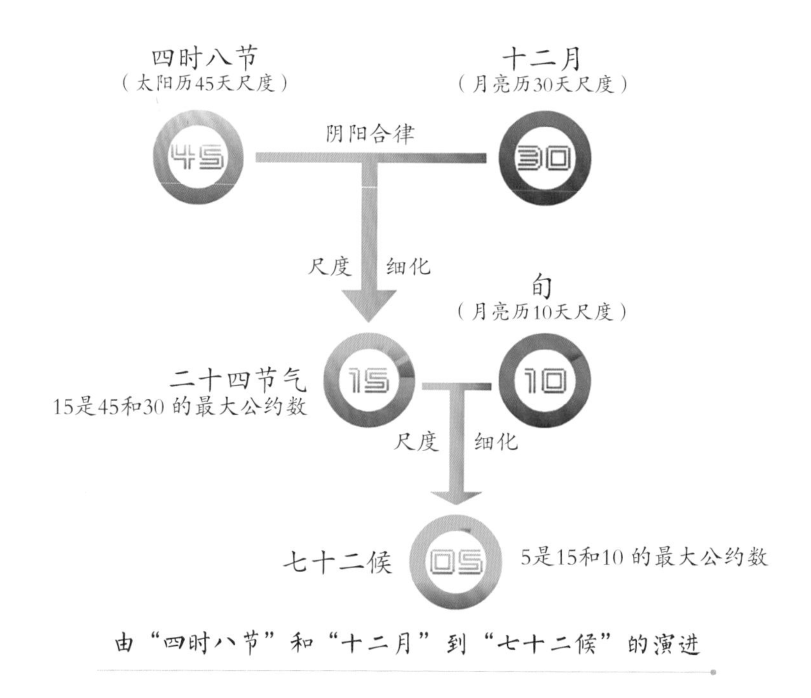

由“四时八节”和“十二月”到“七十二候”的演进

也就是说，在太阳历的准45天尺度的“四时八节”与月亮历的准30天尺度的朔望月的基础上，形成了阴阳合律的二十四节气。然后，人们希望建立具有更高分辨率的时间尺度。于是，七十二候应运而生。

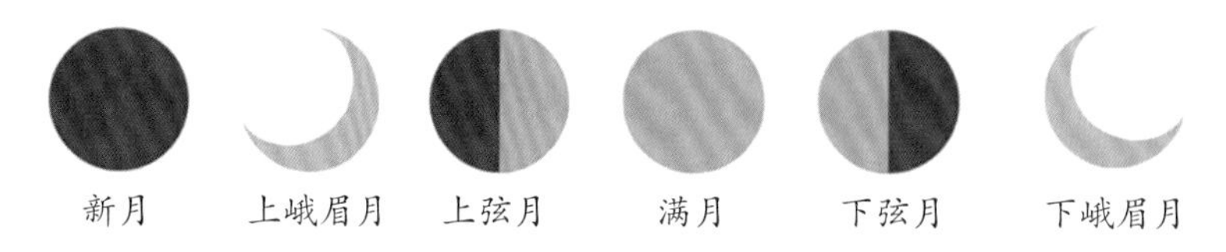

人们在月相序列中概括出的六个特征态

就如同人们将一个月的月相惯常概括为六种特征态一样，在节气体系建立之前的月令体系中，人们就已经有了为每个月梳理出六种左右物候标识的定例了。当然，在古代，物候的范畴更宽泛，既包括动物植物物候、环境物候，甚至还涵盖一些天气和气候现象，例如虹始见、大雨时行等。

什么是物候？物候，简言之是生物的生活规律。

物候历，就是人们参考“别人”的“生物钟”作为自己的时间刻度。

按照《淮南子》的说法，“天地之气，莫大于和”，万物因和而生。所谓“和”，是天地的和合与共振。

从立春立夏立秋立冬、小暑大暑、小寒大寒这些节气的名称就可以看出，二十四节气的称谓，主要是以气候表征。而从谷雨一候萍始生、二候鸣鸠拂其羽、三候戴胜降于桑，从小满一候苦菜秀、二候靡草死、三候麦秋至这些物候的标识中就可以看出，七十二候主要是以生物变化的征候表征。它们之间存在表征方式上的互补。

一个是“气”，一个是“象”。寒暑之“气”，体现为物候之“象”，它们共同构成了“气象”。所以七十二候既是二十四节气时间尺度上的细化，也是对二十四节气刻画方式上的物化。

陶渊明《桃花源诗》云：**“草荣识节和，木衰知风厉。虽无纪历志，四时自成岁。”**

天文历，当然是规范的时间历法，人们在斗转星移中，在晨昏、朔望、寒暑的变化中感知时间的节律。但物候历是鲜活的时间历法，人们在草木枯荣、候鸟来去中感知时间的节律，是对“大自然的语言”的一种非常灵动的译法。孔子在谈及学习《诗经》时曾说，“多识于鸟兽草木之名”，借助鸟兽草木的物候语言，我们可以更敏锐地感知自然的节律。

《论语·阳货》：**“天何言哉？四时行焉，百物生焉，天何言哉？”**

天道默默地运行，谁代其言呢？是依循天道启闭的生物。

《荀子》说：**“天不言而人推高焉，地不言而人推厚焉，四时不言而百姓期焉。夫此有常以至其诚者也。”**

在云南的基诺山寨，我和基诺族老人杰布鲁攀谈时，问他的生日，他说“认不得”，只记得是生在满山白花羊蹄甲盛开的时候。在人们眼中，怎么才算是春天来了，是酸苞树开始发芽的时候。可见，那里的人们依然默默地以物候计时。

二十四节气在传承的过程中，之所以能够“飞入寻常百姓家”，除了其实用性，一个非常重要的路径就在于“降维”表达和“破圈”传播，其关键就在于物候计时。你可以不甚理解天文和气候，但你肯定知道什么时节桃花开了，什么时节燕子来了，什么时节青蛙叫了，什么时节樱桃熟了，什么时节桐叶落了。自然节律的情节化，是人们可知、可感、可鉴赏甚至可品尝的。

欧阳修《秋声赋》：**“天之于物，春生秋实。”**

陆游《赠燕》：**“四序如循环，万物更盛衰。”**

正是因为有了七十二候的鲜活注解，节气体系特别便于“降维”表达和“破圈”传播。你可能难以洞察气候禀赋和节律，但你可以很轻松地知道什么时候黄鹂在歌、布谷在唱，什么时候浮萍重生、桑叶又绿，什么时候鸿雁迁飞，什么时候彩虹乍现，什么时候蟋蟀盛鸣……它们是“现场直播”型的，是可见、可感的时令代言者。七十二候，使二十四节气成为有声有色、有温度、有画面感的科学体系。

七十二候由何而来

与节气对应、以5天为周期的七十二候，首见于《逸周书·时训解》。每一候的物候标识，叫作候应。当时节气排序与现在不同，惊蛰在雨水前，谷雨在清明前，后历经数次置换，直到唐穆宗长庆二年（公元822年）颁发的《宣明历》才确定了春季节气立春、雨水、惊蛰、春分、清明、谷雨次序，未再更易。南北朝时期北魏正光三年（公元522年）施行的《正光历》（初名《神龟历》）中，将七十二候首次纳入历法。

二十四节气体系创立之前，在以月为序标注物化标识的月令时代，中国古人便已着眼于物候现象与时间尺度之间的对应关系。

月令，是上古时期的礼制，是一年十二个月当行之“令”，是借由天的意志发布政令，是中国古人最初的时间法则。

月令是以四时为章，十二月为节，以时间为次序，逐个章节地记述天文历法、自然物候，并据此发布各种政令，故名“月令”。

最初的各种月令典籍，都是以天子的视角、天子的口吻每个月发布的各种命令，但是到了东汉时期，有了《四民月令》。

所谓四民，指的是古代的士农工商。《四民月令》所汇集的是一个士大夫大家庭以月为序的家事汇编，是那个年代品质生活的缩影。

如果说《礼记·月令》是天子的行事月历，那么《四民月令》便是士大夫的家庭月历，它使月令由政事层级变为家事层级，是月令文化进入民间的一个里程碑。

同样是十月孟冬，官方行事是北郊迎气、恤孤寡、占吉凶、固封疆、完要塞、陈祭器、收渔赋，是聚焦国事；而民间行事是趣纳禾稼、筑垣墐户、酿冬酒、作脯腊、绩布缕、制帛履，是聚焦家事。

《礼记·月令》中的关键词是“令”，指必须怎么样；是“毋”，指不能干什么。所有的内容都是命令和要求。而《四民月令》中的关键词是“可”，指可以怎么样。所有的内容都是建议和提示，这使月令由政策性约束变为社会化服务。所以，历史上既有正颜厉色地作为官政指导的官方月令，也有和颜悦色地作为民事指南的民间月令。

中国有着非常浓厚的物候历传统，在现存最早的物候典籍《夏小正》中，就有与月对应的60项物候标识，并且成为后世进行物候类项设定和语言表述的范式。

例如正月物候，就有“启蛰”，惊蛰节气的原型。有“梅、杏、杝桃则华”，其中包含“惊蛰一候桃始华”的原型。有“雁北乡”，后来变成小寒一候的候应。有“鱼陟负冰”，后来变成了立春三候的候应。有“雉震呴”，后来变成了小寒三候的“雉始雊”。有“獭献鱼”，后来变成了雨水一候的“獭祭鱼”。有“鹰则为鸠”，后来变成了惊蛰三候的“鹰化为鸠”。

另外还有并未入选七十二候的一些物候标识，例如柳稊、囿有见韭、采芸等植物物候，农纬厥耒、农率均田、农及雪泽等农事物候。

而在《吕氏春秋·十二纪》《礼记·月令》和《淮南子·时则训》等典籍中，也都各载有80项以上与月对应的物候标识，具有同源性。

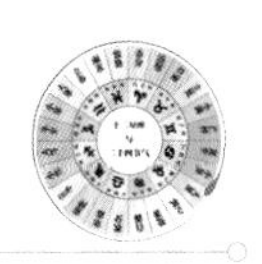

《吕氏春秋·十二纪》中的月尺度物候与二十四节气的七十二候

季节	月份	《吕氏春秋·十二纪》物候	节气	初候	二候	三候
春季	孟春之月	东风解冻。蛰虫始振。鱼上冰。獭祭鱼。候雁北。天气下降，地气上腾。天地和同，草木繁动	立春	东风解冻	蛰虫始振	鱼陟负冰
			雨水	獭祭鱼	候雁北	草木萌动
	仲春之月	始雨水。桃李华。仓庚鸣。鹰化为鸠。玄鸟至。雷乃发声。始电。蛰虫咸动，开户始出	惊蛰	桃始华	仓庚鸣	鹰化为鸠
			春分	玄鸟至	雷乃发声	始电
	季春之月	桐始华。田鼠化为鴽。虹始见。萍始生。生气方盛，阳气发泄，句者毕出，萌者尽达。时雨将降，下水上腾。鸣鸠拂其羽。戴胜降于桑。蚕事既登	清明	桐始华	田鼠化为鴽	虹始见
			谷雨	萍始生	鸣鸠拂其羽	戴胜降于桑
夏季	孟夏之月	蝼蝈鸣。蚯蚓出。王瓜生。苦菜秀。农乃升麦。聚蓄百药。靡草死。麦秋至。蚕事既毕	立夏	蝼蝈鸣	蚯蚓出	王瓜生
			小满	苦菜秀	靡草死	麦秋至
	仲夏之月	小暑至。螳螂生。鵙始鸣。反舌无声。日长至，阴阳争，死生分。鹿角解。蝉始鸣。半夏生。木堇荣	芒种	螳螂生	鵙始鸣	反舌无声
			夏至	鹿角解	蝉始鸣	半夏生
	季夏之月	凉风始至。蟋蟀居宇。鹰乃学习。腐草化为萤。树木方盛。水潦盛昌。土润溽暑。大雨时行	小暑	温风至	蟋蟀居壁	鹰始挚
			大暑	腐草为萤	土润溽暑	大雨时行
秋季	孟秋之月	凉风至。白露降。寒蝉鸣。鹰乃祭鸟。天地始肃。农乃升谷	立秋	凉风至	白露降	寒蝉鸣
			处暑	鹰乃祭鸟	天地始肃	禾乃登
	仲秋之月	凉风生。候雁来。玄鸟归。群鸟养羞。日夜分，雷乃始收声。蛰虫附户。阳气日衰，水始涸	白露	鸿雁来	玄鸟归	群鸟养羞
			秋分	雷始收声	蛰虫坯户	水始涸
	季秋之月	候雁来。爵入大水为蛤。菊有黄华。豺则祭兽戮禽。无不务入，以会天地之藏，无有宣出。霜始降。草木黄落，乃伐薪为炭。蛰虫咸俯在穴，皆墐其户	寒露	鸿雁来宾	雀入大水为蛤	菊有黄华
			霜降	豺乃祭兽	草木黄落	蛰虫咸俯
冬季	孟冬之月	水始冰。地始冻。雉入大水为蜃。虹藏不见。天气上腾，地气下降。天地不通，闭而成冬	立冬	水始冰	地始冻	雉入大水为蜃
			小雪	虹藏不见	天气上腾地气下降	闭塞而成冬
	仲冬之月	冰益壮。地始坼。鹖鴠不鸣。虎始交。日短至，阴阳争，诸生荡。芸始生。荔挺出。蚯蚓结。麋角解。水泉动	大雪	鹖鴠不鸣	虎始交	荔挺出
			冬至	蚯蚓结	麋角解	水泉动
	季冬之月	雁北乡。鹊始巢。雉雊。鸡乳。征鸟厉疾。始渔。冰方盛，水泽腹坚	小寒	雁北乡	鹊始巢	雉始雊
			大寒	鸡始乳	征鸟厉疾	水泽腹坚

注：表格中的红色部分为《吕氏春秋·十二纪》中的月度物候标识成为七十二候的类项

以最早的《吕氏春秋·十二纪》为例，有95项月尺度视角下物候标识。其中“始雨水”“霜始降”“时雨将降”等最终分别演变为雨水、霜降、谷雨节气，体现的是黄河中下游地区气候特征。

南北朝时期，北魏正光三年（公元522年）颁行《正光历》，首次将七十二候纳入国家历法。

北魏版七十二候			
节气	一候	二候	三候
立春	鸡始乳（+3）	东风解冻（+1）	蛰虫始振（+1）
雨水	鱼上冰（+1）	獭祭鱼（+1）	鸿雁来（+1）
惊蛰	始雨水①	桃始华（+1）	仓庚鸣（+1）
春分	鹰化鸠（+1）	玄鸟至（+1）	雷始发声（+1）
清明	电始见（+1）	蛰虫咸动②	蛰虫启户
谷雨	桐始花（+3）	田鼠为鴽（+3）	虹始见（+3）
立夏	萍始生（+3）	戴胜降于桑（+2）	蝼蝈鸣（+2）
小满	蚯蚓出（+2）	王瓜生（+2）	苦菜秀（+2）
芒种	靡草死（+2）	小暑至（+2）	螳螂生（+2）
夏至	鵙始鸣（+2）	反舌无声（+2）	鹿角解（+2）
小暑	蝉始鸣（+2）	半夏生（+2）	木槿荣③
大暑	温风至（+3）	蟋蟀居壁（+3）	鹰乃学习（+3）
立秋	腐草为萤（+3）	土润溽暑（+3）	凉风至（+2）
处暑	白露降（+2）	寒蝉鸣（+2）	鹰祭鸟（+2）
白露	天地始肃（+2）	暴风至④	鸿雁来（+2）
秋分	玄鸟归（+2）	群鸟养羞（+2）	雷始收声（+2）
寒露	蛰虫附户（+2）	杀气浸盛⑤	阳气始衰
霜降	水始涸（+4）	鸿雁来宾（+4）	雀入大水为蛤（+4）
立冬	菊有黄华（+4）	豺祭兽（+4）	水始冰（+2）
小雪	地始冻（+2）	雉入大水为蜃（+2）	虹藏不见（+2）
大雪	冰始壮⑥	地始坼	鹖旦不鸣（+2）
冬至	虎始交（+3）	芸始生⑦	荔挺出（+3）
小寒	蚯蚓结（+3）	麋角解（+3）	水泉动（+3）
大寒	雁北向（+3）	鹊始巢（+3）	雉始雊（+3）
大寒	鸡始乳	征鸟厉疾	水泽腹坚

注：括号中的“+”代表该物候现象较汉代七十二候偏晚的候数，“-”为偏早的候数。

① 惊蛰物候中的一候始雨水，来自于《吕氏春秋·十二纪》仲春之月“始雨水”，时段相符。

② 清明物候中的二候蛰虫咸动、三候蛰虫启户，来自于《吕氏春秋·十二纪》仲春之月“蛰虫咸动，开户始出”，偏晚2~3个候。

③ 小暑三候木槿荣，来自于《吕氏春秋·十二纪》仲夏之月“木堇荣”，偏晚了至少3个节气。

④ 白露物候中的二候暴风至，来自于《吕氏春秋·十二纪》仲秋之月“凉风生”，时段相符。

⑤ 寒露物候中的二候杀气浸盛、三候阳气始衰，来自于《吕氏春秋·十二纪》仲秋之月“杀气浸盛，阳气日衰”，偏晚了至少2~3个候。

⑥ 大雪物候中的一候冰始壮、二候地始坼，来自于《吕氏春秋·十二纪》仲冬之月“冰益壮，地始坼”，时段相符。

⑦ 冬至物候中的二候芸始生，来自于《吕氏春秋·十二纪》仲冬之月“芸始生”，时段相符。

后世的七十二候所有的物候标识，在《吕氏春秋·十二纪》中均有相应类项，可以说，《吕氏春秋》是七十二候全版本物候项的“始作俑者”。

当然，《吕氏春秋》中还有一些物候标识项并未进入现代版本的七十二候。包括仲夏之月“木堇荣”、仲冬之月“芸始生”等植物物候，包括与七十二候中“小雪二候天气上腾地气下降”相对应的孟春之月“天气下降地气上腾”、仲春之月“蛰虫咸动，启户始出”、季春之月“蚕事既登”、孟夏之月“蚕事既毕”、与孟夏之月“农乃升麦”（麦秋至）和孟秋之月“农乃升谷”（禾乃登）曾具有同等重要性的仲夏之月“农乃登黍”，等等。

而在《易纬通卦验》中，有小满“雀子蜚”、立秋“虎啸”、小雪“熊罴入穴”、寒露“霜小下”、霜降“霜大下”等独特的节气物候标识。可见，在古代中国，悠久的物候历传统和丰富的物候体系，为节气框架内以候为序的物候历的创制奠定了“由此及彼”的必然路径。

七十二候基准版本的确定

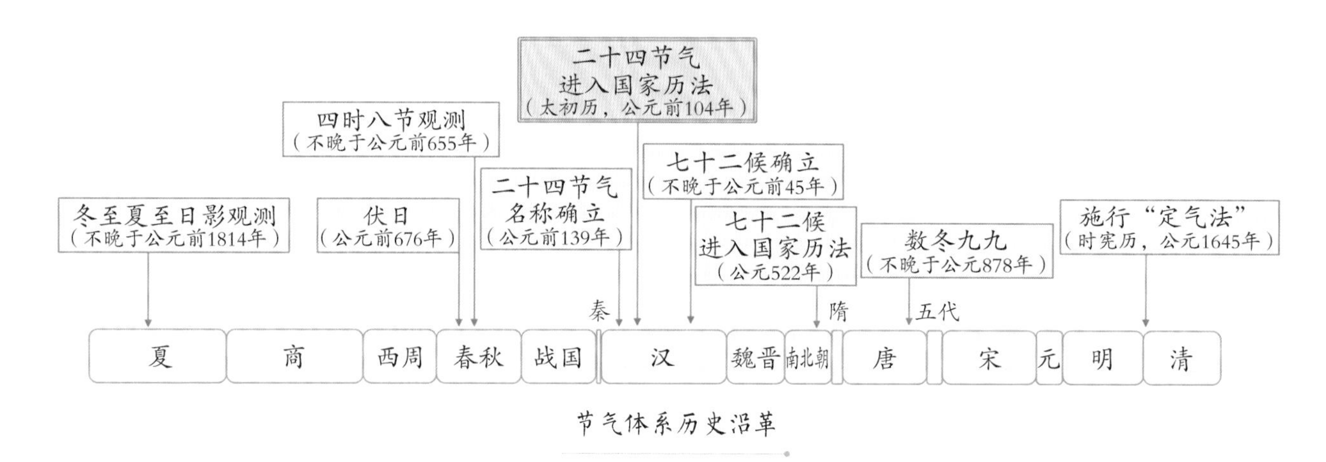

节气体系历史沿革

七十二候的划分方式，首见于《逸周书·时训解》（有学者将其成书时间定在不晚于公元前45年）。公元522年颁行《正光历》，七十二候首次进入国家历法。

七十二候虽然历史悠久，但时至今日也并没有一个严格意义上的“标准版本”。众多版本大同之下亦有小异。例如立春三候有“鱼陟负冰”和“鱼上冰”两种表述；小暑三候有“鹰乃学习”和“鹰始挚”两种表述，甚至后者还有“挚”和“鸷”的差异；小寒大寒节气候应中有“鸡乳、雉雊”和“鸡始乳、雉始雊”的差异。

《逸周书·时训解》七十二候与北魏《正光历》七十二候的对比

汉代版七十二候					北魏版七十二候				
春季	立春	东风解冻	蛰虫始振	鱼上冰	春季	立春	鸡始乳	东风解冻	蛰虫始振
	雨水	獭祭鱼	候雁北	草木萌动		雨水	鱼上冰	獭祭鱼	鸿雁来
	惊蛰	桃始华	仓庚鸣	鹰化为鸠		惊蛰	始雨水	桃始华	仓庚鸣
	春分	玄鸟至	雷乃发声	始电		春分	鹰化鸠	玄鸟至	雷始发声
	清明	桐始华	田鼠化为鴽	虹始见		清明	电始见	蛰虫咸动	蛰虫启户
	谷雨	萍始生	鸣鸠拂其羽	戴胜降于桑		谷雨	桐始桦	田鼠为鴽	虹始见
夏季	立夏	蝼蝈鸣	蚯蚓出	王瓜生	夏季	立夏	萍始生	戴胜降于桑	蝼蝈鸣
	小满	苦菜秀	靡草死	小暑至		小满	蚯蚓出	王瓜生	苦菜秀
	芒种	螳螂生	鵙始鸣	反舌无声		芒种	靡草死	小暑至	螳螂生
	夏至	鹿角解	蜩始鸣	半夏生		夏至	鵙始鸣	反舌无声	鹿角解
	小暑	温风至	蟋蟀居壁	鹰乃学习		小暑	蝉始鸣	半夏生	木槿荣
	大暑	腐草化为萤	土润溽暑	大雨时行		大暑	温风至	蟋蟀居壁	鹰乃学习

（续表）

《逸周书·时训解》七十二候与北魏《正光历》七十二候的对比									
汉代版七十二候					北魏版七十二候				
秋季	立秋	凉风至	白露降	寒蝉鸣	秋季	立秋	腐草为萤	土润溽暑	凉风至
	处暑	鹰乃祭鸟	天地始肃	禾乃登		处暑	白露降	寒蝉鸣	鹰祭鸟
	白露	鸿雁来	玄鸟归	群鸟养羞		白露	天地始肃	暴风至	鸿雁来
	秋分	雷始收声	蛰虫坯户	水始涸		秋分	玄鸟归	群鸟养羞	雷始收声
	寒露	鸿雁来宾	雀入大水为蛤	菊有黄华		寒露	蛰虫附户	杀气浸盛	阳气始衰
	霜降	豺乃祭兽	草木黄落	蛰虫咸俯		霜降	水始涸	鸿雁来宾	雀入大水为蛤
冬季	立冬	水始冰	地始冻	雉入大水为蜃	冬季	立冬	菊有黄华	豺祭兽	水始冰
	小雪	虹藏不见	天气上腾地气下降	闭塞而成冬		小雪	地始冻	雉入大水为蜃	虹藏不见
	大雪	鹖鸟不鸣	虎始交	荔挺生		大雪	冰始壮	地始坼	鹖旦不鸣
	冬至	蚯蚓结	麋角解	水泉动		冬至	虎始交	芸始生	荔挺出
	小寒	雁北向	鹊始巢	雉始雊		小寒	蚯蚓结	麋角解	水泉动
	大寒	鸡始乳	鸷鸟厉疾	水泽腹坚		大寒	雁北向	鹊始巢	雉始雊

物候标识与候的严谨对应，首见于《逸周书·时训解》。南北朝时期，北魏正光三年（公元522年）颁行《正光历》，首次将七十二候纳入国家历法。最早版本的七十二候，与最早纳入国家历法版本的七十二候，有何异同呢？

北魏版七十二候与《逸周书·时训解》七十二候相比，在候应内容上有62项相同，但所对应的候序却无一相同，有1~4候的滞后。《正光历》施行的北魏气候较《时训解》成书的汉代寒冷，以候鸟北归、初融、初雷、萌芽、展叶、始花、始鸣等为代表的春夏物候滞后是合理的，但以候鸟南徙、转凉、终雷、初冻等为代表的秋冬物候同样滞后便不合理了。要破解谜团，还需要不先入为主地依托气候和物候实测数据对两种相异版本加以甄别。

后世通常所用的七十二候版本，是在《逸周书·时训解》版本的基础上进行了少数条目的微调。

其中最重要的变化是小满三候“小暑至”改为“麦秋至”。

[清]曹仁虎《七十二候考》：**“仲夏之小暑至，《时训解》及各史志皆取为候，金史志始以麦秋至易之。金史志与唐史略同，惟改小满末候小暑至为麦秋至。《月令》麦秋至在四月，小暑至在五月。小满为四月之中气，故易之。”**

在《吕氏春秋·十二纪》《礼记·月令》等典籍中，“麦秋至”是孟夏物候，“小暑至”是仲夏物候。《逸周书·时训解》中之所以将“小暑至”（天气小热）定为小满三候候应，或与其成书年代特定的气候状态相关，但“小暑至”候应易与小暑节气混淆，且宋金时期小麦已成为主要夏粮作物，所以“麦秋至”的回归，是一项正确的抉择。

在明代宋濂、王祎等编修的《元史》中，简述了修订的理由。

《元史·卷五十六·考证》：**“求二十四气卦候‘麦秋至’，按原刻误作‘小暑至’，今据《礼记》改。”**

在南宋的《事林广记》中，小满三候的候应即为“麦秋至”。这是我们所见的最早将小满三候候应定为“麦秋至”的版本。清代曹仁虎所考，是指正史，故以《金史》为最早。

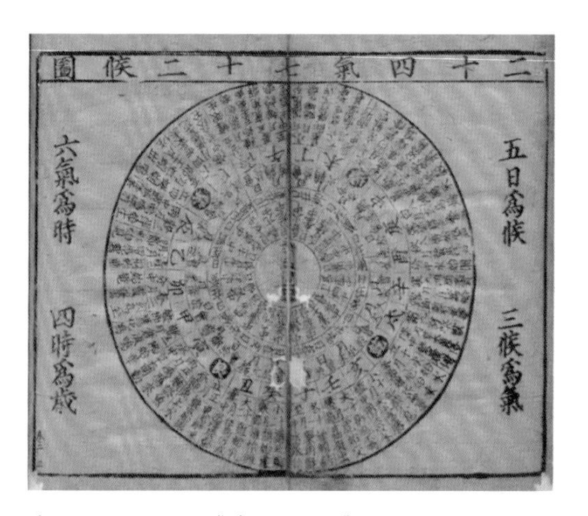

[南宋]陈元靓编《事林广记》之七十二候书影
（元代至顺年间西园精舍刊本）

“麦秋至”的确立，与宋代推广的稻麦两熟制密切相关。“麦熟半年粮”，麦之将熟的物候指征意义前所未有地重要，小满的节气名和候应名都体现出对于主粮的关注。

此外，《事林广记》中，小寒三候为“雉始雊”，大寒一候为“鸡始乳”。而处暑三候为“农乃登谷”，出自《礼记·月令》。

《元史》中，另有数项候应表述上的变化。

[清]曹仁虎《七十二候考》：**元史志复改立春末候鱼上冰为鱼陟负冰，小暑末候鹰乃学习为鹰始挚，皆参取《夏小正》句。又改雨水次候鸿雁来为候雁北，则参取《吕氏春秋》及《通卦验》《淮南子·时训解》句，并沿用至今。**

《元史》对七十二候的调整，主要有3项：一是立春三候由参取《吕氏春秋》的“鱼上冰”改为参取《夏小正》正月物候的“鱼陟负冰”。日本目前的立春三候依然沿用宋以前的“鱼上冰”。二是小暑三候由参取《吕氏春秋》的“鹰乃学习”改为参取《夏小正》的“鹰始挚”。但“鹰乃学习”的本意是雏鹰练习搏击，“鹰始挚”的本意是开始捕杀，二者具有微妙差异，小暑三候“鹰乃学习”更能凸显与处暑一候“鹰乃祭鸟”的情节差异。三是将雨水二候的“鸿雁来”改为《吕氏春秋》中的“候雁北”，以此来与白露一候的候应“鸿雁来”区分。

由此，我们以《元史》（四库全书本）中的七十二候作为蓝本，确定七十二候的基准版本如下表。

中国的二十四节气·七十二候			
节气	一候	二候	三候
春季节气		候应	
立春	东风解冻	蛰虫始振	鱼陟负冰
雨水	獭祭鱼	候雁北	草木萌动
惊蛰	桃始华	仓庚鸣	鹰化为鸠
春分	玄鸟至	雷乃发声	始电
清明	桐始华	田鼠化为鴽	虹始见
谷雨	萍始生	鸣鸠拂其羽	戴胜降于桑
夏季节气		候应	
立夏	蝼蝈鸣	蚯蚓出	王瓜生
小满	苦菜秀	靡草死	麦秋至
芒种	螳螂生	鵙始鸣	反舌无声
夏至	鹿角解	蝉始鸣	半夏生
小暑	温风至	蟋蟀居壁	鹰始挚
大暑	腐草为萤	土润溽暑	大雨时行
秋季节气		候应	
立秋	凉风至	白露降	寒蝉鸣
处暑	鹰乃祭鸟	天地始肃	禾乃登
白露	鸿雁来	玄鸟归	群鸟养羞
秋分	雷始收声	蛰虫坯户	水始涸
寒露	鸿雁来宾	雀入大水为蛤	菊有黄华
霜降	豺乃祭兽	草木黄落	蛰虫咸俯
冬季节气		候应	
立冬	水始冰	地始冻	雉入大水为蜃
小雪	虹藏不见	天气上腾地气下降	闭塞而成冬
大雪	鹖鴠不鸣	虎始交	荔挺出
冬至	蚯蚓结	麋角解	水泉动
小寒	雁北乡	鹊始巢	雉始雊
大寒	鸡始乳	征鸟厉疾	水泽腹坚

注：本版七十二候从《逸周书·时训解》，将季冬之月的雉雊、鸡乳改为雉始雊、鸡始乳。因为“始”字界定的是特定物候期的初时，更显现物候标识的时点意义，且句式上与虹始见、蝉始鸣、水始冰等候应相契合。

一种物候现象，其始期、盛期、末期被清晰界定，才具有时令的物化标识意义。

例如“雉雊”，缺少时间上的界定，所以不具有属于某个节气的排他性特征。[唐]王维《渭川田家》的“雉雊麦苗秀，蚕眠桑叶稀”中的“雉雊”，便是雉鸡在整个孟夏时节的鸣叫。

花期物候也是如此，我们以北京和杭州的木槿花期为例。

北京和杭州的木槿花期		
地点	木槿开花始期	木槿开花末期
北京	7月7日	9月15日
杭州	7月3日	10月5日

（宛敏渭《中国自然历选编》，科学出版社，1986年）

可见，木槿的花期，在北京是由小暑到白露时节，涵盖14个候；在杭州是夏至到秋分时节，涵盖19个候。只有“木槿始花”，才是属于北京小暑一候、杭州夏至三候的排他性物候特征。

七十二候中，类项最多的是鸟类物候，有22项。可以说，最重要的物候是鸟候。因为鸟类“得气之先”，在物候观测领域，鸟是人们亦师亦友的物候“发言人”。

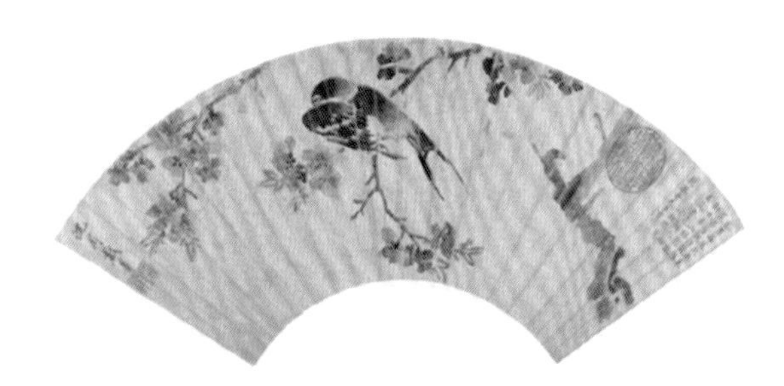

[明]沈周《杏林飞燕》扇页

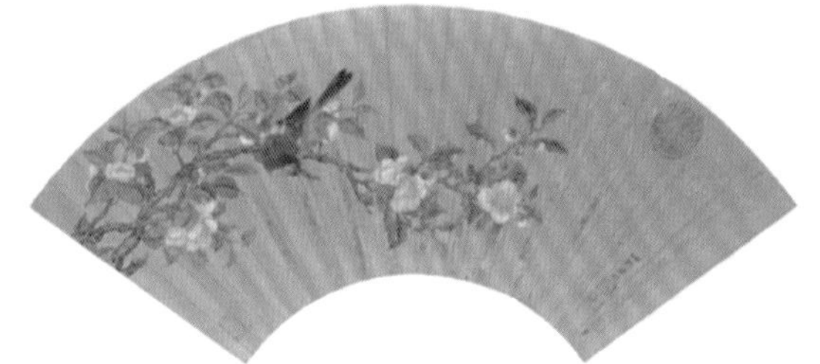

[明]吕纪《李花册页》

鸟类候应中，人们最关注的是鹰和鸿雁，各有4项。其中惊蛰“鹰化为鸠”、小暑“鹰始挚”、处暑“鹰乃祭鸟”、大寒“征鸟厉疾”，看似描述鹰的神态举止，实则刻画鹰神态举止背后的寒热温凉。

当然，主要与鸟候相关的候应中，有数项运化类的候应：

惊蛰三候“鹰化为鸠”，清明二候“田鼠化为鴽，腐草为萤”；

寒露二候“雀入大水为蛤”，立冬三候“雉入大水为蜃”。

此处涉及两个概念，一是“为”，二是“化为”。

唐代《礼记正义》：**“化者，反归旧形之谓。故鹰化为鸠，鸠复化为鹰。若腐草为萤、雉为蜃、爵为蛤，皆不言化，是不复本形者也。”**

可见，在古人看来，“化为”是可逆的，“为”是不可逆的。当然，如此解读无关科学。

这几则候应，在后世多受诟病，被视为古人的臆断和认知局限。

其实，我们可以不把这些物语轻率地定性为科学谬误。古人的生命观不是生与死，而是生与化，是一种朴素的生命运化观。

在中国七十二候的基础上，日本依据本国物候，1685年起启用新的七十二候，但沿袭了中国七十二候的表达范式。七十二候在跨国界的节气文化圈依然传承。

节气	一候 中国	一候 日本	二候 中国	二候 日本	三候 中国	三候 日本
立春	东风解冻	东风解冻	蛰虫始振	黄莺睍睆	鱼陟负冰	鱼上冰
雨水	獭祭鱼	土脉润起	候雁北	霞始靆	草木萌动	草木萌动
惊蛰/启蛰	桃始华	蛰虫启户	仓庚鸣	桃始笑	鹰化为鸠	菜虫化蝶
春分	玄鸟至	雀始巢	雷乃发声	樱始开	始电	雷乃发声
清明	桐始华	玄鸟至	田鼠化为鴽	鸿雁北	虹始见	虹始见
谷雨	萍始生	葭始生	鸣鸠拂其羽	霜止出苗	戴胜降于桑	牡丹华
立夏	蝼蝈鸣	蛙始鸣	蚯蚓出	蚯蚓出	王瓜生	竹笋生
小满	苦菜秀	蚕起食桑	靡草死	红花荣	麦秋至	麦秋至
芒种	螳螂生	螳螂生	鵙始鸣	腐草为萤	反舌无声	梅子黄
夏至	鹿角解	乃东枯	蝉始鸣	菖蒲华	半夏生	半夏生
小暑	温风至	温风至	蟋蟀居壁	莲始开	鹰始挚	鹰乃学习
大暑	腐草为萤	桐始结花	土润溽暑	土润溽暑	大雨时行	大雨时行
立秋	凉风至	凉风至	白露降	寒蝉鸣	寒蝉鸣	蒙雾升降
处暑	鹰乃祭鸟	绵柎开	天地始肃	天地始肃	禾乃登	禾乃登
白露	鸿雁来	草露白	玄鸟归	鹡鸰鸣	群鸟养羞	玄鸟去
秋分	雷始收声	雷乃收声	蛰虫坯户	蛰虫坯户	水始涸	水始涸
寒露	鸿雁来宾	鸿雁来	雀入大水为蛤	菊花开	菊有黄华	蟋蟀在户
霜降	豺乃祭兽	霜始降	草木黄落	霎时施	蛰虫咸俯	枫茑黄
立冬	水始冰	水始冰	地始冻	地始冻	雉入大水为蜃	金盏香
小雪	虹藏不见	虹藏不见	天腾地降	朔风払叶	闭塞而成冬	橘始黄
大雪	鹖鴠不鸣	闭塞成冬	虎始交	熊蛰穴	荔挺出	鲑鱼群
冬至	蚯蚓结	乃东升	麋角解	麋角解	水泉动	雪下出麦
小寒	雁北乡	芹乃荣	鹊始巢	水泉动	雉始雊	雉始雊
大寒	鸡始乳	款冬华	征鸟厉疾	水泽腹坚	水泽腹坚	鸡始乳

中日两国二十四节气·七十二候的异同

七十二候的特色

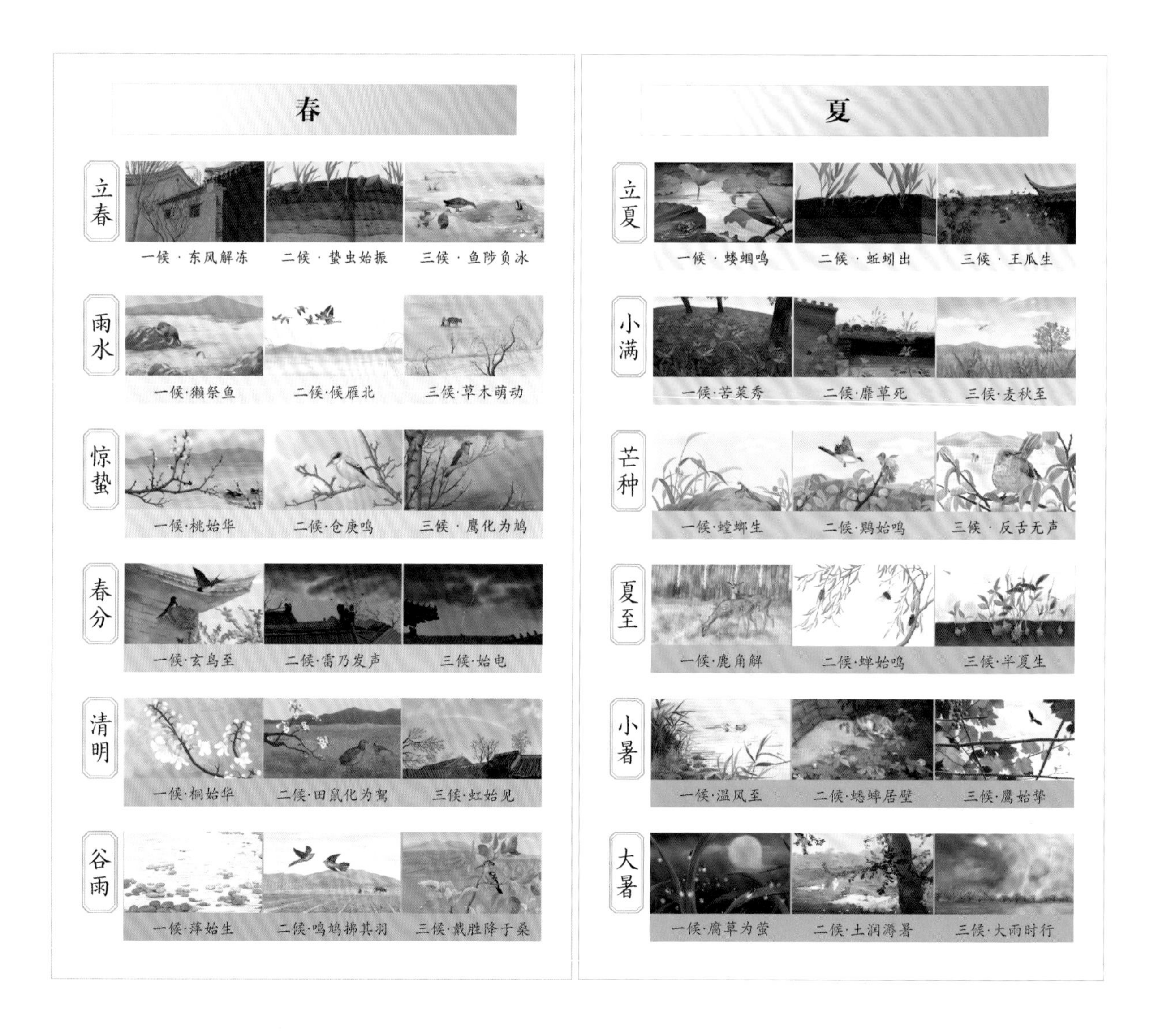
春
立春
一候 · 东风解冻
二候 · 蛰虫始振
三候 · 鱼陟负冰
雨水
一候·獭祭鱼
二候·候雁北
三候·草木萌动
惊蛰
一候·桃始华
二候·仓庚鸣
三候 · 鹰化为鸠
春分
一候·玄鸟至
二候·雷乃发声
三候·始电
清明
一候·桐始华
二候·田鼠化为鴽
三候·虹始见
谷雨
一候·萍始生
二候·鸣鸠拂其羽
三候·戴胜降于桑
夏
立夏
一候 · 蝼蝈鸣
二候 · 蚯蚓出
三候 · 王瓜生
小满
一候·苦菜秀
二候·靡草死
三候·麦秋至
芒种
一候·螳螂生
二候·鵙始鸣
三候 · 反舌无声
夏至
一候·鹿角解
二候·蝉始鸣
三候·半夏生
小暑
一候·温风至
二候·蟋蟀居壁
三候·鹰始挚
大暑
一候·腐草为萤
二候·土润溽暑
三候·大雨时行

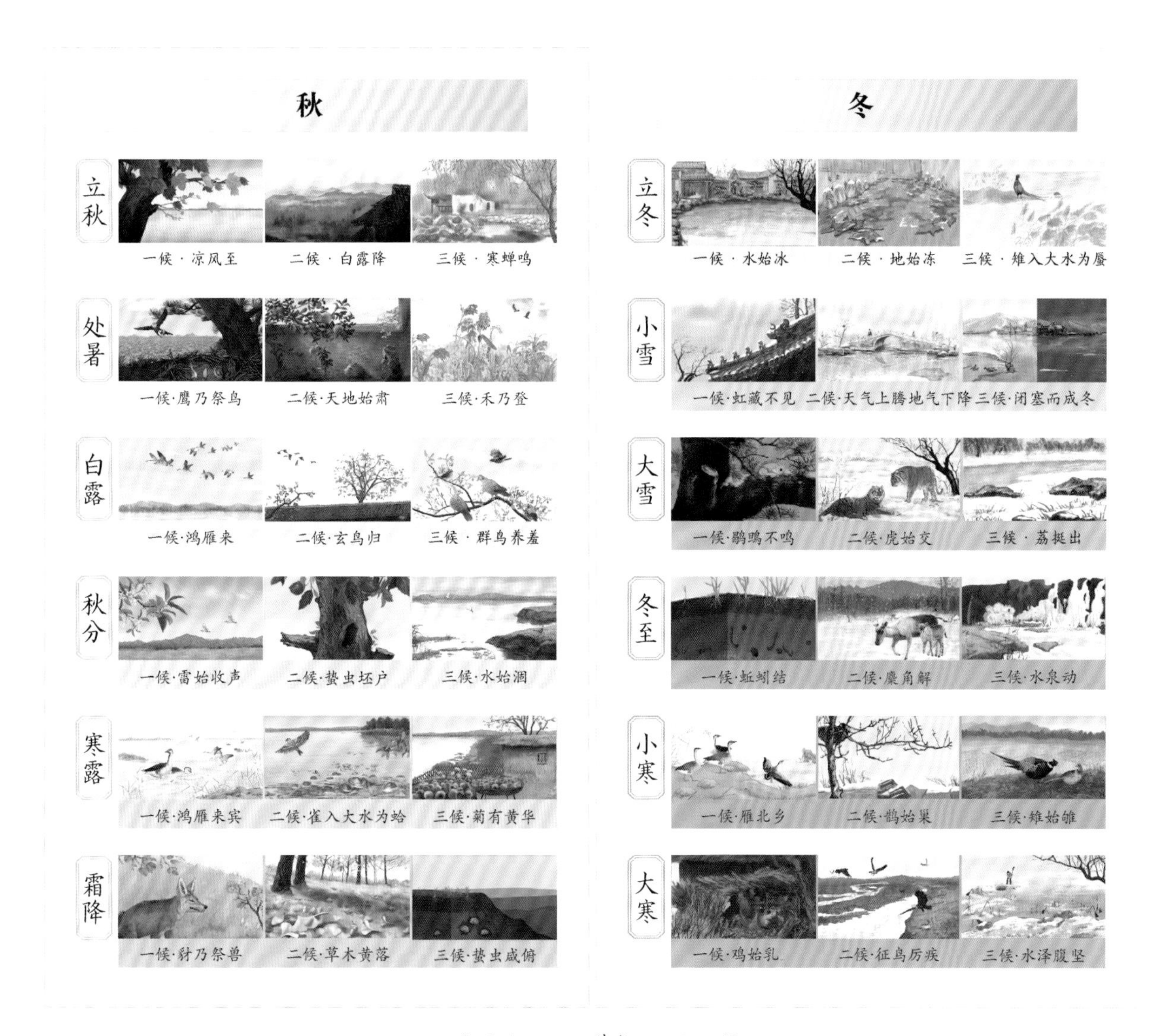

中国的二十四节气·七十二候

注：5天左右候尺度标识，称为“候应”，即生物在这一候对时令变化的反应

七十二候中的物候标识体现着中国古人的物候观测偏好。

第一，古代社会，温饱为要。七十二候中的物候标识，讲究实用性，凸显以生物物候对农桑的“定时”功能，这是古代社会的刚性需求。

以布谷鸟提示农耕，以戴胜鸟提示蚕桑，间接体现了对于耕和织的平衡性提示。

以“麦秋至”提示夏收，以“禾乃登”提示秋收，直接体现了对夏收和秋收的平衡性提示。

第二，风的变化往往被视为时令变化的表征，体现了中国古人对于季风气候的深刻理解。虽然春天是因暖而花开，但人们执着地认为春风才是带来生机的使者，于是吟咏“春风吹又生”，描述“春风又绿江南岸”，感慨“春风如贵客，一到便繁华”。

2022年北京冬奥会开幕式二十四节气倒计时，春分节气所配诗句为[清]袁枚《春风》中的“春风如贵客，一到便繁华。”

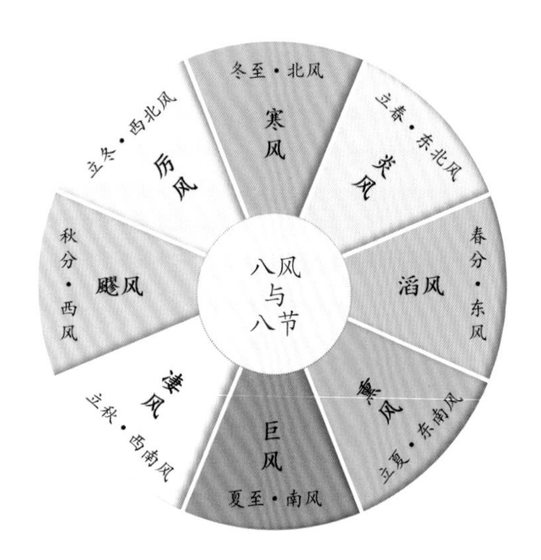

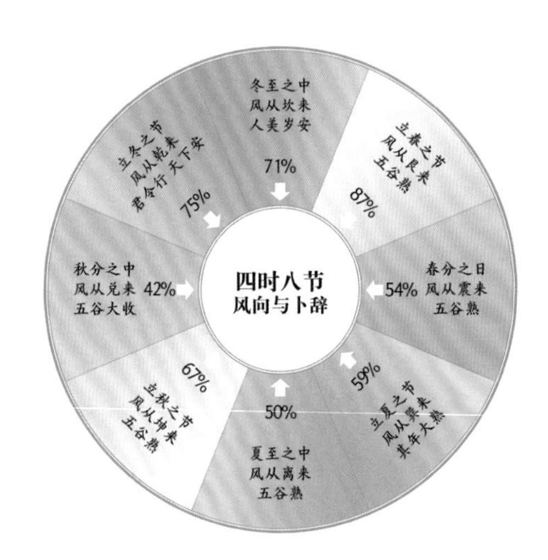

左图：《吕氏春秋》的“八风”称谓及方位；右图：清代钦天监“四时八节”的八风观测。自春秋战国时期，中国古人就最早创立了时令与盛行风向相对应的“八风”理念，可以说中华民族是对风最敏感的民族，没有之一。直到清代钦天监，在“四时八节”最常规的观测，便是风向。如果记录到的是“八风”中的盛行风向，便认为气候正常，可以作出五谷丰登的判断。

注：清代钦天监在“四时八节”的交节时刻进行风向观测，自康熙十六年（1677年）至光绪十八年（1892年）的216年。图中标注的百分数为实测的正常风向

第三，对兼具观赏性和定时功能的花事物候的偏好，体现着中国人特有的浪漫。

清明一候：桐始华，是花季开始的预告者

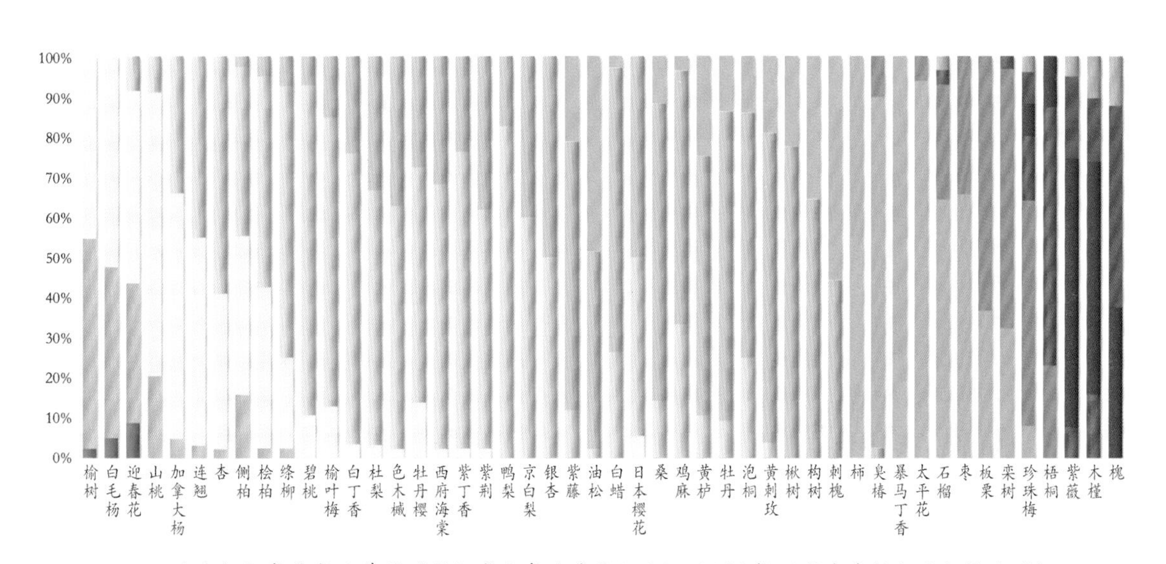

北京植物盛花期的节气时段概率分布（基于1963—2012年48种木本植物的物候观测）

盛花概率最高的节气时段

通过对北京1963—2012年这50年间48种木本植物始花期和盛花期的统计可见，清明、谷雨所在的阳春三月是始花概率最高的时段。

风季与花季合于阳春，是风与花的相逢。《淮南子》中清明的称谓“清明风至”，实是应和花期的风。最初的花信风，便特指阳春三月恪守气候规律的风，“风应花期，其来有信也”。

七十二候的优点是什么？

七十二候为时间段落赋予了平民化的画面感和情节感，鲜活通俗，“零门槛”地可见可感。

第一，建立了平民化标准。

例如：什么是春？冰始融。什么是冬？水始冰。这是关于季节划分的最接地气的标准。

第二，构建了环境友好的意识。

由天文时间转化为气候时间，再把气候时间折算成物候时间，或曰生态时间，于是时间有了画面感和标识物，于是奠定了环境友好的生态文化。

桂林临桂区四塘田心村状元桥（摄影：刘迎）

桂林会仙玻璃田（摄影：刘迎）

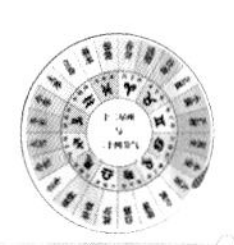

[清]马涛《诗中画》（清代光绪十一年刊铃印本）
左图：轻舟一路绕烟霞，更爱山前满涧花。不为寻君也留住，那知花里即君家。
右图：春风骀荡日初晴，与客寻僧入化城。墙里杏花墙外柳，始知佳节近清明。

在山水田园中，既有着“雨中水墨，晴时丹青”的自然画意，也有着“晴耕雨读”的人文节律。

由于众多生物“担任”时间段落的物候标识，体现生态“定时”功能，所以也就无言地将“环境友好”浸润到人们的潜意识之中。它们是来自自然的朋友且不止于友，在帮助人们感知时间方面，它们是亦师亦友。

小寒一候：雁北乡　雨水二候：候雁北　白露一候：鸿雁来　寒露一候：鸿雁来宾

惊蛰三候：鹰化为鸠　小暑三候：鹰始挚　处暑一候：鹰乃祭鸟　大寒二候：征鸟厉疾

人们认为鸟类“得气之先”，它们最敏锐地预知时令变化。

在候鸟迁飞中，人们预感万物之启闭，甚至通过观察鹰在一年中性情和行为，品味四季的寒热温凉。在人们心目中，鸟类物候标识，既是时令的“直播者”，也是时令的“预告者”。让它们“雁过留声”，而不是我们“雁过拔毛”，也就成为节气物候文化的题中之义。

第三，借助物候标识所具有的生物本能，形成劝课农桑的“集合预报”。

春分一候：玄鸟至

惊蛰一候：桃始华

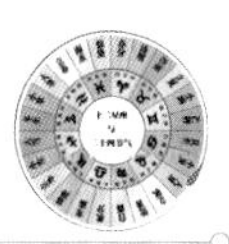

在古人眼中，桃花开、燕子来有着深刻的气候意义。“燕子初归风不定，桃花欲动雨频来”，它们分别是风和雨的“预告”者。桃花开，被视为将雨之候，所以有桃花水、桃花汛之说。

而杏花开，被视为可耕之候。所以古人有“望杏瞻榆”之说，看到杏花开，再看到榆钱落，就可以放心地耕田了。

在汉代《四民月令》中，阳春三月的农事次第，取决于4项组合式判据：

（1）杏花开了，做什么；（2）春雨来了，做什么；（3）桑葚红了，做什么；（4）榆钱落了，做什么。成语“望杏瞻榆”只是其缩写版。这便是古代基于物候的“集合预报”。

古人云：“巢居者知风，穴居者知雨，草木知节令。”人们对于各种生物本能智慧的集成，是更大的智慧。

对于北京而言，“杏华盛”是在阳春的清明时节。

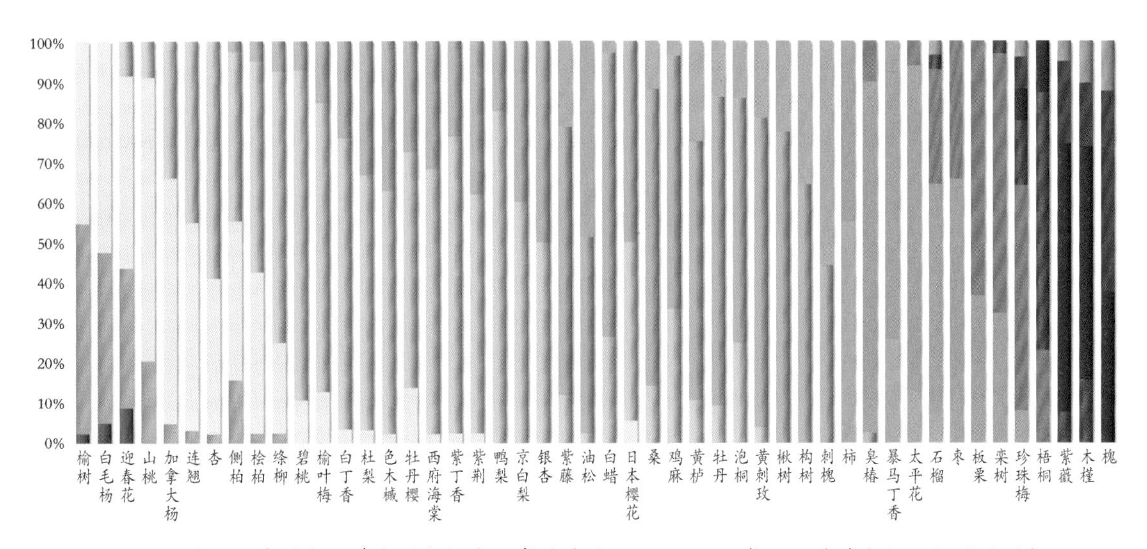

北京植物盛花期的节气时段概率分布（基于1963—2012年48种木本植物的物候观测）

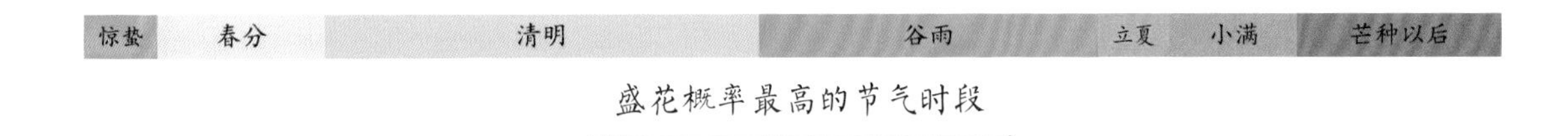

盛花概率最高的节气时段

第四，七十二候具有生态叙事的连贯与接续，有一种观看自然物候连续剧的感觉，这使人们容易形成“收视惯性”。

立春三候“鱼陟负冰”，是指冰层变薄，鱼儿贴近薄冰。而雨水一候“獭祭鱼”仿佛立春三候“鱼陟负冰”的续集，薄冰融化鱼儿上浮之后水獭开始捕鱼，并且把战利品码放好，“嘚瑟”一番。

立春三候：鱼陟负冰

雨水一候：獭祭鱼

雨水三候：草木萌动

霜降二候：草木黄落

对于同一类物候，古人既聚焦时令之“启”，也聚焦时令之“闭”，保持对草木荣枯全周期的持续关注。

第五，七十二候是多个维度、各种视角的组合式物候序列，是“致广大而尽精微”的无盲区物候体系。

有声、有色，这是关于时令的音频和视频“报道”。

夏至二候：蝉始鸣

清明三候：虹始见

芒种二候：鵙始鸣

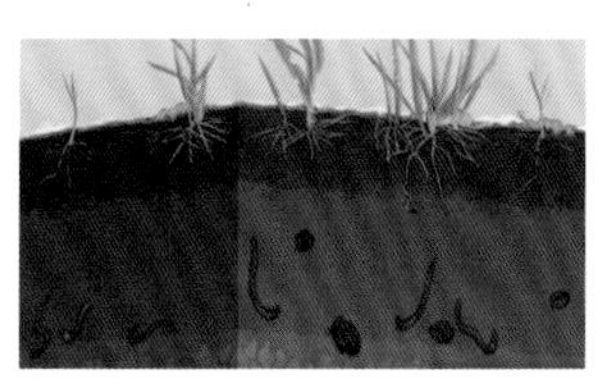
立春二候：蛰虫始振

既有仰视，也有平视，还有对于地下的挖掘和俯视。

竺可桢先生在《大自然的语言》一文中写道：“几千年来，劳动人民注意了草木荣枯、候鸟去来等自然现象同气候的关系，据以安排农事。杏花开了，就好像大自然在传语要赶快耕地；桃花开了，又好像在暗示要赶快种谷子。布谷鸟开始唱歌，劳动人民懂得它在唱什么，‘阿公阿婆，割麦插禾’。这样看来，花香鸟语，草长莺飞，都是大自然的语言。”

人们由物候洞察气候，所用的都是“活的仪器”，它们有时甚至比气象仪器更复杂、更灵敏。希望我们仔细地观察物候，懂得大自然的语言。物候，不仅是节气的物化标识，更是农事的“消息树”和“发令枪”。

七十二候存在的问题

七十二候作为经典的物候历，也存在3个方面的问题，一是物候项内涵及变迁的问题，二是物候期与候尺度的匹配问题，三是物候项通用性的问题。

【物候项内涵及变迁】

七十二候中的一些物候项内涵存在争议。

例如立夏一候蝼蝈鸣，什么是蝼蝈，历来存在争议。例如大雪一候鹖鴠不鸣，对“鹖鴠”曾有“勇毅之鸟”、锦鸡、寒号虫的不同认知。

七十二候中的一些物候项已罕见或绝迹的问题。

例如夏至一候鹿角解、冬至二候麋角解，鹿和麋已然野外罕见。例如清明二候田鼠化为鴽，鴽已然成为只存活于古书中的一种小鸟。这类的物候项已不再具备物候意义上的代表性。

在今人看来，某些物候项存在科学局限。

例如大暑一候腐草为萤，古人认为草腐烂之后变成了萤火虫。例如寒露二候雀入大水为蛤、立冬三候雉入大水为蜃，天气寒凉之际，鸟类变成了贝类甚至神话中的生物。这些通常被视为科学谬误，但也可以视为古人的生命运化观。

还有“祭”，雨水一候獭祭鱼、处暑一候鹰乃祭鸟、霜降一候豺乃祭兽，并不是动物真的会祭祀，而是古人由敬畏和感恩的知行所形成的一种通感和联想。

物候项过于抽象的问题。

例如：处暑二候天地始肃、小雪二候天气上腾地气下降。

与“阴气—阳气”体系一样，“天气—地气”体系也是解读寒暑更迭的一种古代动力学模型。

2022年北京冬奥会开幕式二十四节气倒计时之立夏节气

古人以“天气”和“地气”之间的亲疏聚散诠释四季变化。在2022年北京冬奥会开幕式二十四节气倒计时中，立夏节气的配文为[明]高濂《遵生八笺》中的“天地始交，万物并秀”。

尽管古人以“天气”与“地气”的互动关系来解读寒来暑往可以实现逻辑自洽，但在应用层面，人们并没有直观的物候指征可验证这一互动关系。

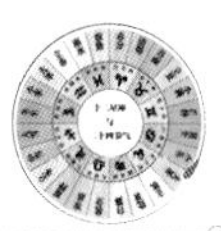

【物候期与候尺度的匹配问题】

一个物候项存在年际差异。[唐]杜甫的《腊日》诗中描述了“今年”物象与“常年”物候之间的差异：“腊日常年暖尚遥，今年腊日冻全消。侵陵雪色还萱草，漏泄春光有柳条。”

时令偏早的个例：[宋]王炎《好事近》中的“时节近元宵，天意人情都好。烟柳露桃枝上，觉今年春早”。

时令偏晚的个例：[宋]辛弃疾《杏花天》中的“牡丹昨夜方开遍。毕竟是今年春晚。荼蘼付与薰风管。燕子忙时莺懒”。

一个物候项能否承担某一候的物候标识，取决于它是否遵守时令，即它的定时能力。

物候期超出候尺度。

即便是最遵守时令的植物物候期，其年际变化也大多超出5天的候尺度。

以北京1950—2018年“桃始华”为例，年际标准差σ为6.8天，物候期多年变幅33天。峰值候（春分二候）对物候期的概括能力只有26%，远远低于60%的及格线。换句话说，如果我们定义北京春分二候“桃始华”，那么始花期准确率只有26%。而若以节气界定“桃始华”，峰值节气（春分）对物候期的概括能力为68%。

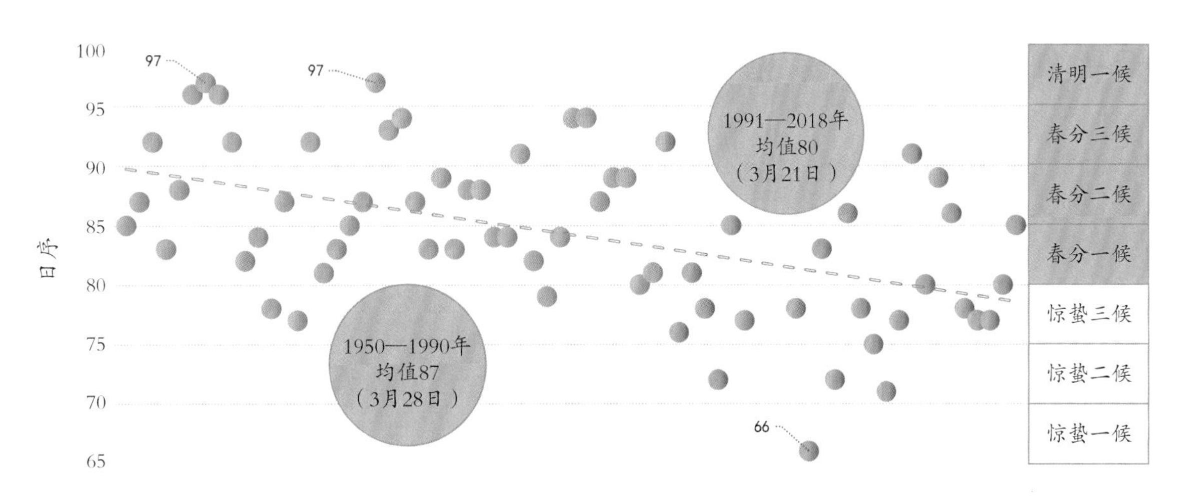

北京的桃始华（1950—2018年序列）实点为逐年日序值，虚线为线性趋势线

注：这是一个拼接的序列。1950—1972年数据来自竺可桢《物候学》，1973—1988年数据来自《中国动植物物候观测年报》，1989—2018年数据来自中国物候观测网。

气候变化导致物候期偏移。

随着气候变化，北京“桃始华”的时间由3月28日春分二候（1950—1990年均值）提前到了3月21日春分一候（1991—2018年均值），偏移幅度超过了5天一候的时间尺度。

再比如西安原来是立春一候东风解冻。而现在已前移至大寒二候，偏移幅度同样超过5天一候的时间尺度。

历经千年，涵盖气候变化的物候期，更不是候尺度所能框定的。例如日本京都樱花满开观测的千年序列，物候期变幅达39天，接近“四时八节”尺度。

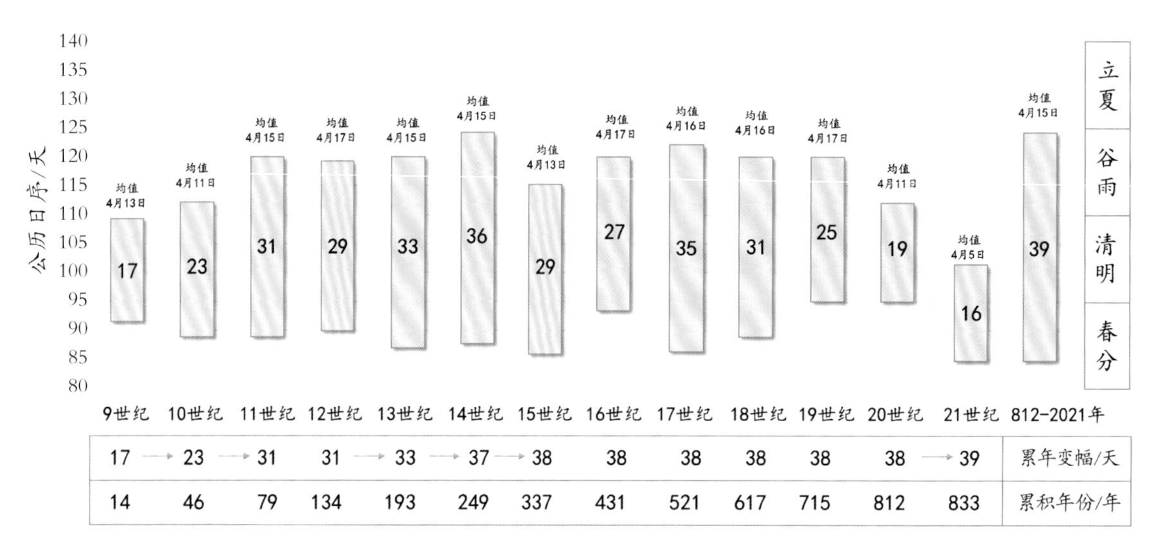

17 →	23 →	31	31 →	33 →	37 →	38	38	38	38	38	38 →	39	累年变幅/天
14	46	79	134	193	249	337	431	521	617	715	812	833	累积年份/年

日本京都樱花满开日期的多年变幅（柱体中的数字为变幅的天数）

【物候项通用性的问题】

地域差异，尤其是纬度差异。

唐诗便可佐证。岑参说，塞北是“北风卷地白草折，胡天八月即飞雪”；元稹说，湖北是“楚俗物候晚，孟冬才有霜”；杜牧说，江南是“青山隐隐水迢迢，秋尽江南草未凋”。

目前彩虹持续时间的世界纪录，就诞生在小雪时节。

在位于台北阳明山的“中国文化大学”，2017年11月30日（小雪二候）观测到持续8小时58分钟（06:57—15:55）的“全日虹”，创造新的世界纪录。2018年3月17日，这项纪录获得吉尼斯世界纪录的认证。

小雪一候虹藏不见，但彩虹持续时间的世界纪录就诞生于小雪时节。

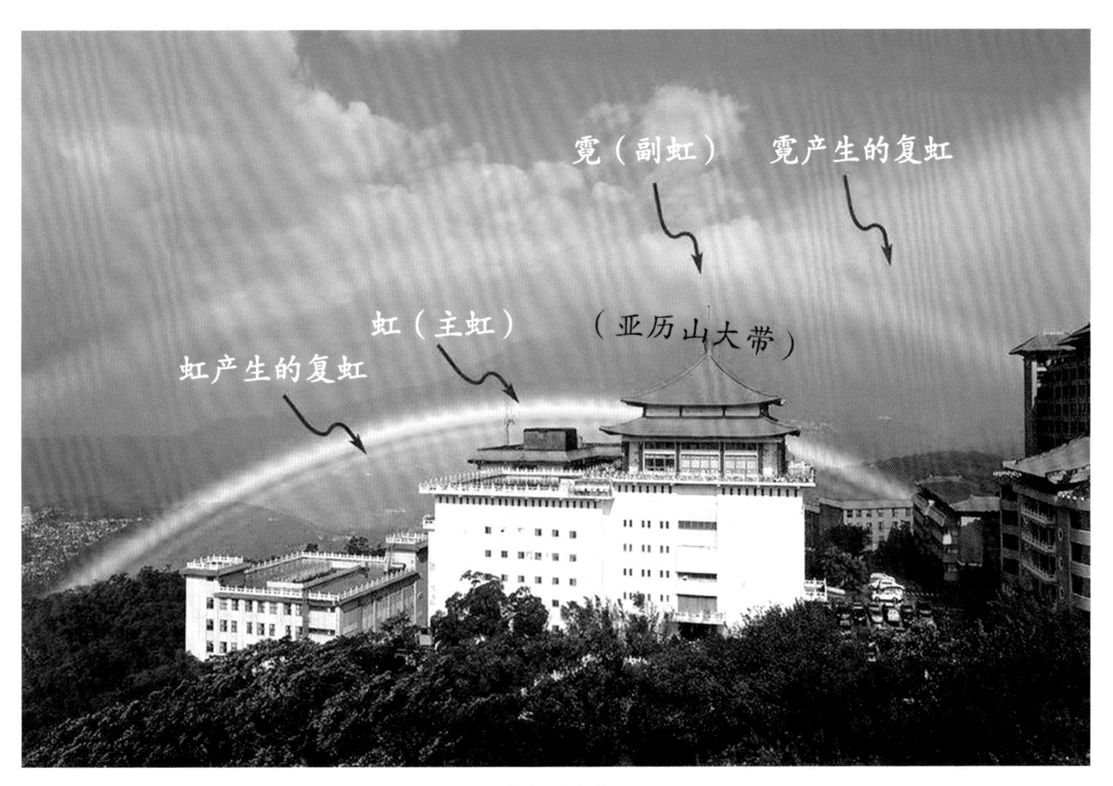

“全日虹”

我们仍以北京“桃始华”为例，七十二候中是惊蛰一候桃始华，而北京山桃始花概率最高的是春分二候。显然，“惊蛰一候桃始华”之说不适用于北京。这体现了地域差异性的问题。

再比如七十二候中的春分二候“雷乃发声”。

按照1981—2010年气候期的状况，所谓的“一雷惊蛰始”，主要契合长江沿线气候。春分的“雷乃发声”，主要契合淮河—秦岭一线气候。对于节气体系起源地区——黄河流域而言，初雷大多是在清明之后。

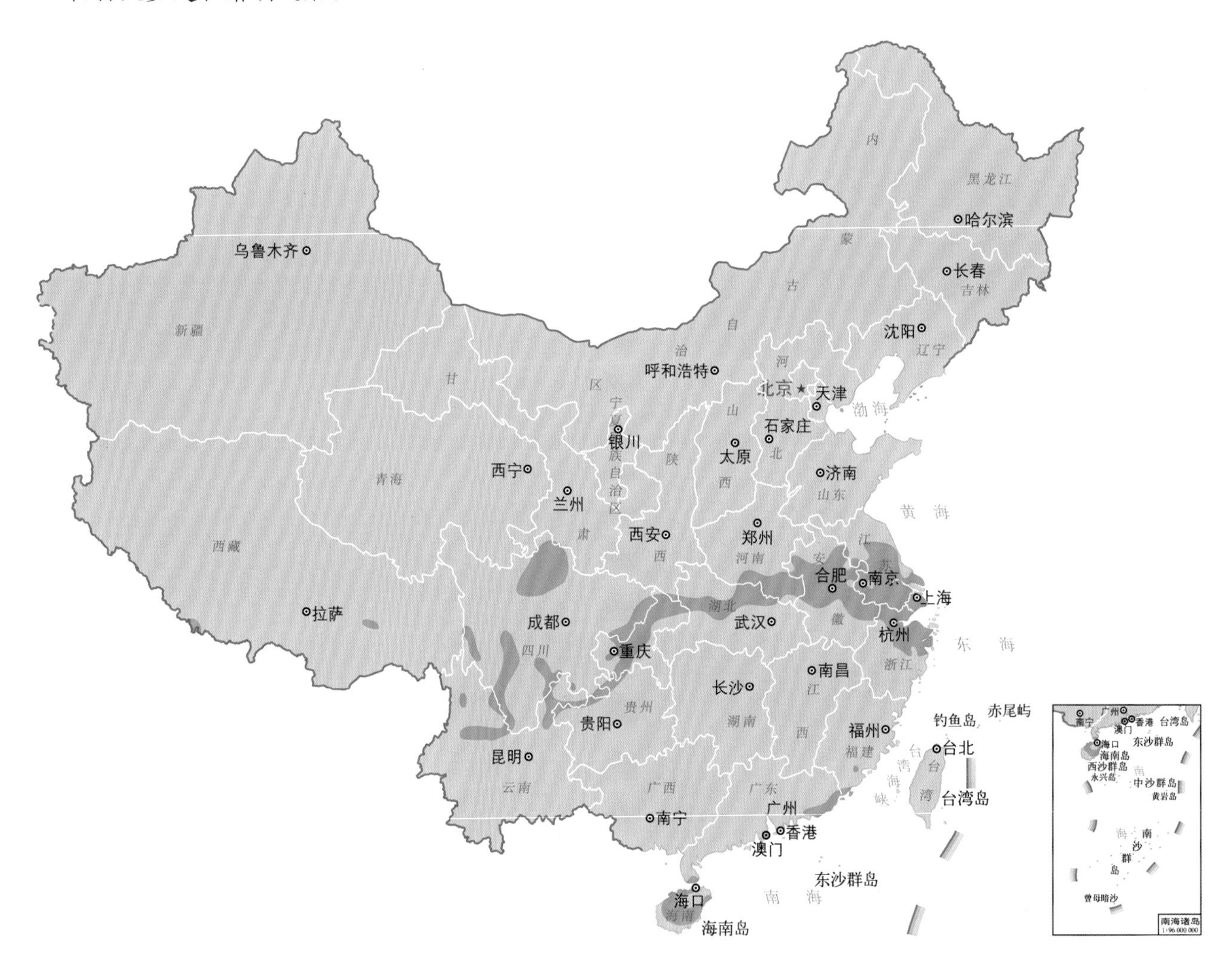

平均初雷出现在惊蛰时节的区域

平均初雷日在春分时节的区域

乌鲁木齐
哈尔滨
长春
沈阳
呼和浩特
北京
天津
石家庄
银川
太原
济南
西宁
兰州
西安
郑州
合肥
南京
上海
拉萨
成都
武汉
杭州
重庆
南昌
长沙
贵阳
福州
钓鱼岛
赤尾屿
台北
台湾岛
昆明
南宁
广州
香港
澳门
东沙群岛
海口
海南岛
新疆
西藏
青海
甘
内
蒙
古
自
治
区
黑龙江
吉林
辽宁
河
北
山
西
陕
西
山东
河南
江
苏
安
徽
湖北
四川
贵州
湖南
江
西
浙江
福建
云南
广西
广东
海南
渤海
黄
海
东
海
南
海
台
湾
海
峡
南海诸岛

常年清明期间初雷区域

再比如降雨的峰值时段，在七十二候中为大暑三候大雨时行。

大雨时行，按照中国最早的岁时典籍《夏小正》的说法，是“时有霖雨”。它是最酣畅淋漓的雨，是“洗天大雨”。

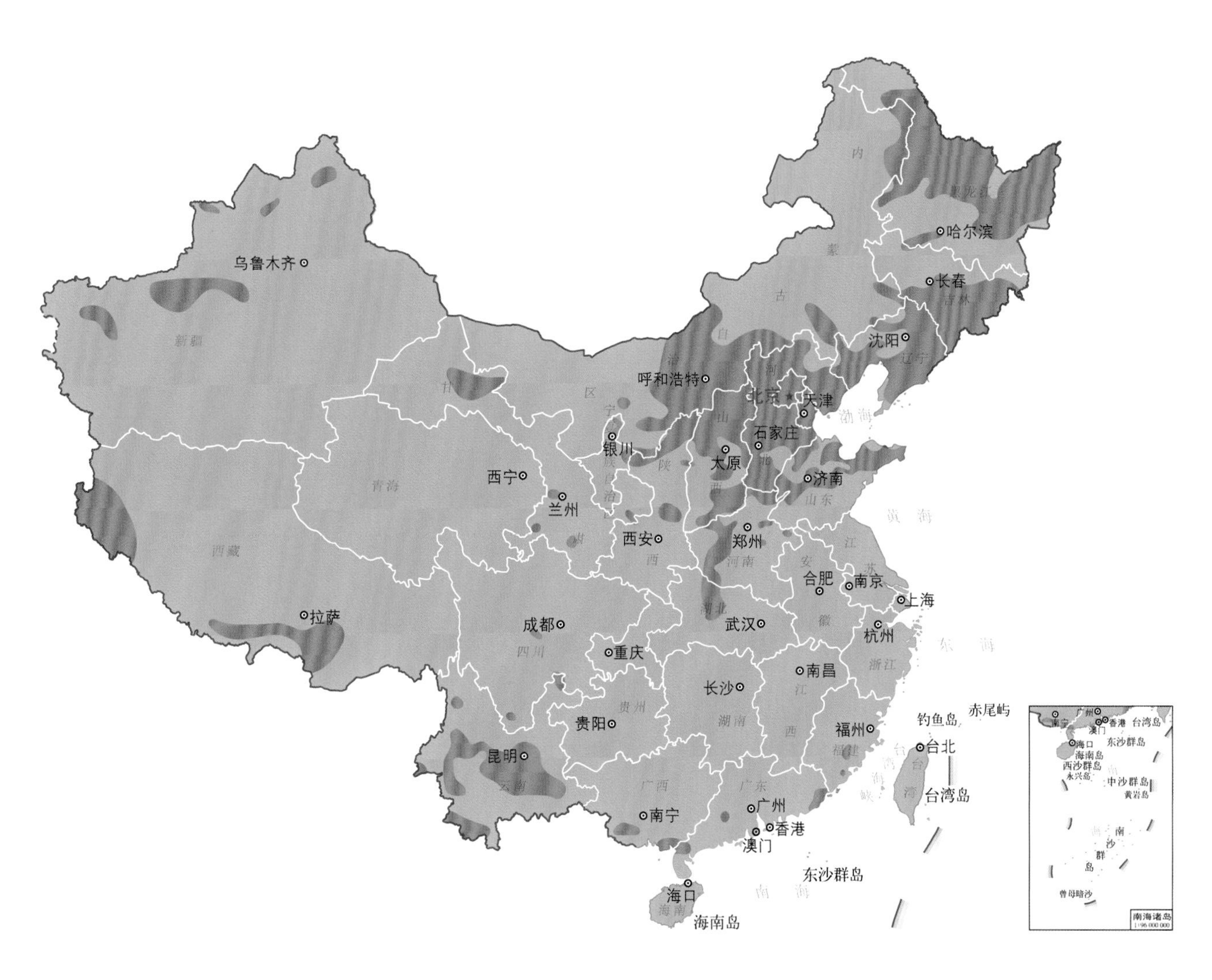

大暑时节降水量为全年最大的区域

夏至时节降水量为全年最大的区域

小暑时节降水量为全年最大的区域

上面三图为1981—2010年气候期夏至、小暑、大暑时节降雨量最大的区域，体现了强降雨由南到北的年度“接力”。显然，“大雨时行”在不同的地区有不同的“时刻表”。

北方地区大暑三候“大雨时行”，但华南地区“小满大满江河满”，小满至芒种时节便已盛行“龙舟水”，江南地区“芒种夏至是水节”，六月（农历）“梅子黄时家家雨”。

而就全国平均而言，从前最多雨的节气是大暑。但随着气候的变化，最多雨的节气已前移至夏至节气了。

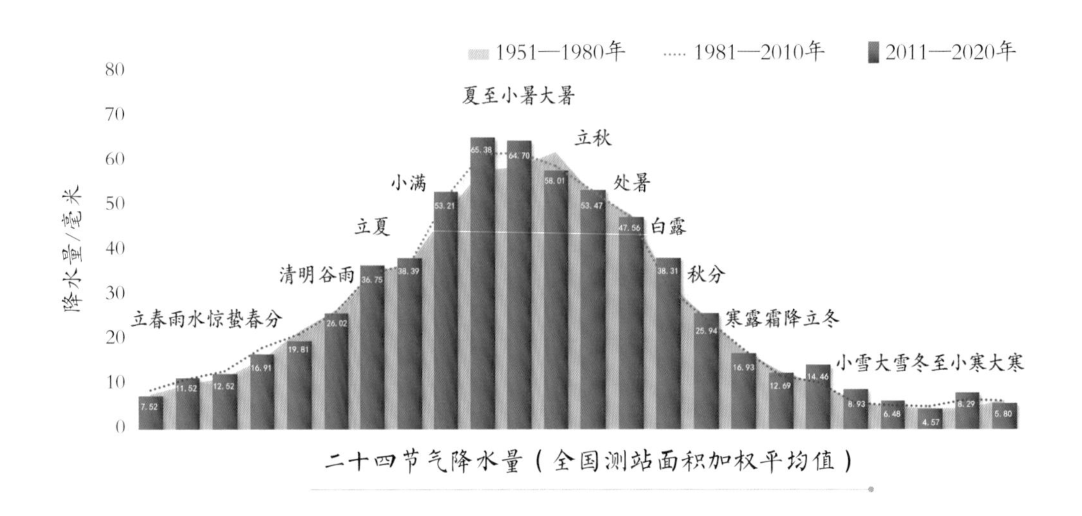

二十四节气降水量（全国测站面积加权平均值）

即使在同一地域，还有海拔的差异。

[唐]白居易“人间四月芳菲尽，山寺桃花始盛开”揭示的正是海拔差异。即使不是千米高差，在自己“一亩三分地”上的农事物候，也有显著的差异。如[汉]崔寔《四民月令》所说：“凡种大小麦，得白露节，可种薄田；秋分，种中田；后十日，种美田。”老百姓把这种秋种的差异性变成朗朗上口的“白露种高山，秋分种平川，寒露种河滩”。

按照霍普金斯（Hopkins）定律：在其他因素相同的条件下，北美温带地区，每向北移纬度1°、向东移经度5°，或上升约122米，植物的阶段发育在春天和初夏将各延期4天；在晚夏和秋天则各提前4天。

即使在同一地域，没有海拔的差异，还有朝向的差异。

就是一棵树，还会有“南枝向暖北枝寒，一树春风有两般”的情况。2020年11月27日，广州凯德广场的异木棉被网友称为“0.5棵开花的树”。

2020年11月27日广州凯德广场只开了半树花的异木棉（网友提供）

早在春秋时期，《管子》中便有“日至六十日而阳冻释，七十日而阴冻释”的阐述，即冬至后60天，阳坡（向阳之处）冰雪消融；冬至后70天，阴坡（背阴之处）消融。在乡村，人们房前屋后种果树，发现不仅向阳与背阴的物候期有差异，就连味道也有差异，正所谓“向阳石榴红似火，背阴李子酸透心”。

制定七十二候的“初心”，是为了界定物候期。但幅员辽阔的国度无法用举国一统的物候“标准答案”，必须进行本地化、当代化的订正。

以分布较为广泛的杏树始花期为例，南北差异便逾百日。所以在中国古代节日体系中，为什么中秋节可以一统，因为“海上生明月，天涯共此时”，月亮的圆缺不受地域限制。

为什么花朝节难以一统？因为“燕草如碧丝，秦桑低绿枝”，植物直接受地域差异影响，燕国的草刚刚萌发，秦国的桑树肥硕的绿叶已经压弯了枝条。

[宋]沈括《梦溪笔谈》：**“土气有早晚，天时有愆伏。岭峤微草，凌冬不凋；并汾乔木，望秋先陨。诸越则桃李冬实，朔漠则桃李夏荣，此地气之不同也。”**

[清]刘献廷《广阳杂记》：**“诸方之七十二候各各不同，如岭南之梅，十月已开；湖南桃李，十二月已烂漫。无论梅矣，若吴下梅则开于惊蛰，桃李放于清明，相去若此之殊也。今历本亦载七十二候，本之《月令》，乃七国时中原之气候也；今之中原，已与《月令》不合，则古今历差为之。今于南北诸方，细考其气候，取其确者一候中，不妨多存几句，传之后世，则天地相应之变迁，可以求其微矣。”**

制定七十二候的“初心”，也是为了精算物候期，但广义的物候，却是高度地域性的，七十二候无法刻画各地物候，无法形成全国统一的“标准答案”，这是七十二候体系注定的局限性。

因此，以候尺度界定物候，现实终究不如理想那样丰满，这也是为什么尽管物候时段分辨率更高，却不如节气更通晓、更通用的缘由。但以物候刻画气候的方式，使科学和文化有了更多的感性和情节。如果我们参照古代七十二候的范式，依据实测提取并编制本地的七十二候，将是节气文化体系在当代活态传承的一种方式。

二十四节气和七十二候的英译

二十四节气的英译

二十四节气是以大约15天为自然节律的时令体系。其官方定义为：二十四节气——中国人通过观察太阳周年运动而形成的时间知识体系及其实践。

英文表述为：The 24 Solar Terms，knowledge in China of time and practices developed through observation of the sun's annual motion。

目前的二十四节气是以黄经15°为间隔的节点序列。

以属性而论，二十四节气可以划分为6个类别。

二十四节气分类	
类别	节气名
天文类节气	（4个）春分、夏至、秋分、冬至
季节类节气	（4个）立春、立夏、立秋、立冬
寒暑类节气	（5个）小暑、大暑、处暑、小寒、大寒
水汽状态类节气	（6个）雨水、白露、寒露、霜降、小雪、大雪
物候类节气	（3个）惊蛰、小满、芒种
天气与物候复合类节气	（2个）清明、谷雨

其中天文类节气，具有清晰的天文表象，既是中国古人最早测定的节气，同时也是全球通用的时间节点。在节气文化圈之外，这4个天文类节气是不被称为节气的节气。

直到今天，欧美国家还通常将春分、夏至、秋分、冬至作为四季的起始，就是季节的所谓“天文划分法”。

在近三四百年的历程中，二十四节气积淀了繁多的译名版本。

最初是音译，渐渐地，意译成为主流。

我们在梳理二十四节气源流的基础上，基于节气的气候和物候内涵，提出了二十四节气新的英译版本。

二十四节气是蕴含科学的文化，其译名应当体现二十四节气所具有的文化与科学的丰富意蕴，既具有文化品位，也具有科学品质，并且在充分尊重历史源流的基础上进行改进和修订。

英国牛津大学教授约翰·格里菲斯（John Greaves）在1650年出版的*Epochae Celebriores*一书中提供了二十四节气的英文英译版本。

荷兰莱登大学教授杰科布斯·高里乌斯（Jacobus Golius）在1655年出版的《中国新地图》集（*Novus Atlas Sinensis*）的附录中提供了二十四节气的阿拉伯字母拼音、拉丁字母拼音、拉丁文译文，音译与意译并存（这是欧洲第一次将木刻汉字置入正式出版物）。

二十四节气是人类非物质文化遗产，其译名应当体现国际性，应充分借鉴受中华节气文化熏陶的国家或地区的译名及通识，并充分考虑如何使译名在非节气文化区得到理解与认同。因此，英文译名序列应当体现3个原则。

原则一：词汇尽可能简洁，尽量不超过两个单词。

原则二：尽可能体现其气候或物候的最本质内涵。

原则三：使节气称谓体系具有规范的整体序列感。

二十四节气的英译名		
春季节气		
立春	雨水	惊蛰
Spring Begins	First Rainfall	Hibernator Awakens
春分	清明	谷雨
Spring Equinox	Fresh Green	Grain Rain
夏季节气		
立夏	小满	芒种
Summer Begins	Fullness Approaches	Harvesting and Sowing
夏至	小暑	大暑
Summer Solstice	Minor Heat	Major Heat
秋季节气		
立秋	处暑	白露
Autumn Begins	Heat Withdraws	White Dew
秋分	寒露	霜降
Autumn Equinox	Cold Dew	First Frost
冬季节气		
立冬	小雪	大雪
Winter Begins	First Snowfall	First Snow Cover
冬至	小寒	大寒
Winter Solstice	Minor Cold	Major Cold

二十四节气的英文译名，是二十四节气文化与科学传播的重要载体。二十四节气译名体系要秉持“信、达、雅”的原则，译名体现专名化、单义性。尊重节气称谓的古意和逻辑，表征节气时段的气候或物候特征和指向，并体现文辞的简洁与优美以及整体性。

我们所提出的英译版本中，雨水、惊蛰、小满、芒种、小雪、大雪为新译法，小暑、大暑、处暑、小寒、大寒为择优译法。

物候类节气，惊蛰译为Hibernator Awakens，比Insect Awakens更具有普适性，因为冬眠动物并不局限于昆虫。小满译为Fullness Approaches，兼顾了小满所具有的阳气小满、籽粒小满、江河小满的三重意涵。芒种译为Harvesting and Sowing，兼顾了收麦和种稻，体现了“所谓芒种五月节者，谓麦至是而始可收，稻过是而不可种矣”的农候意义。

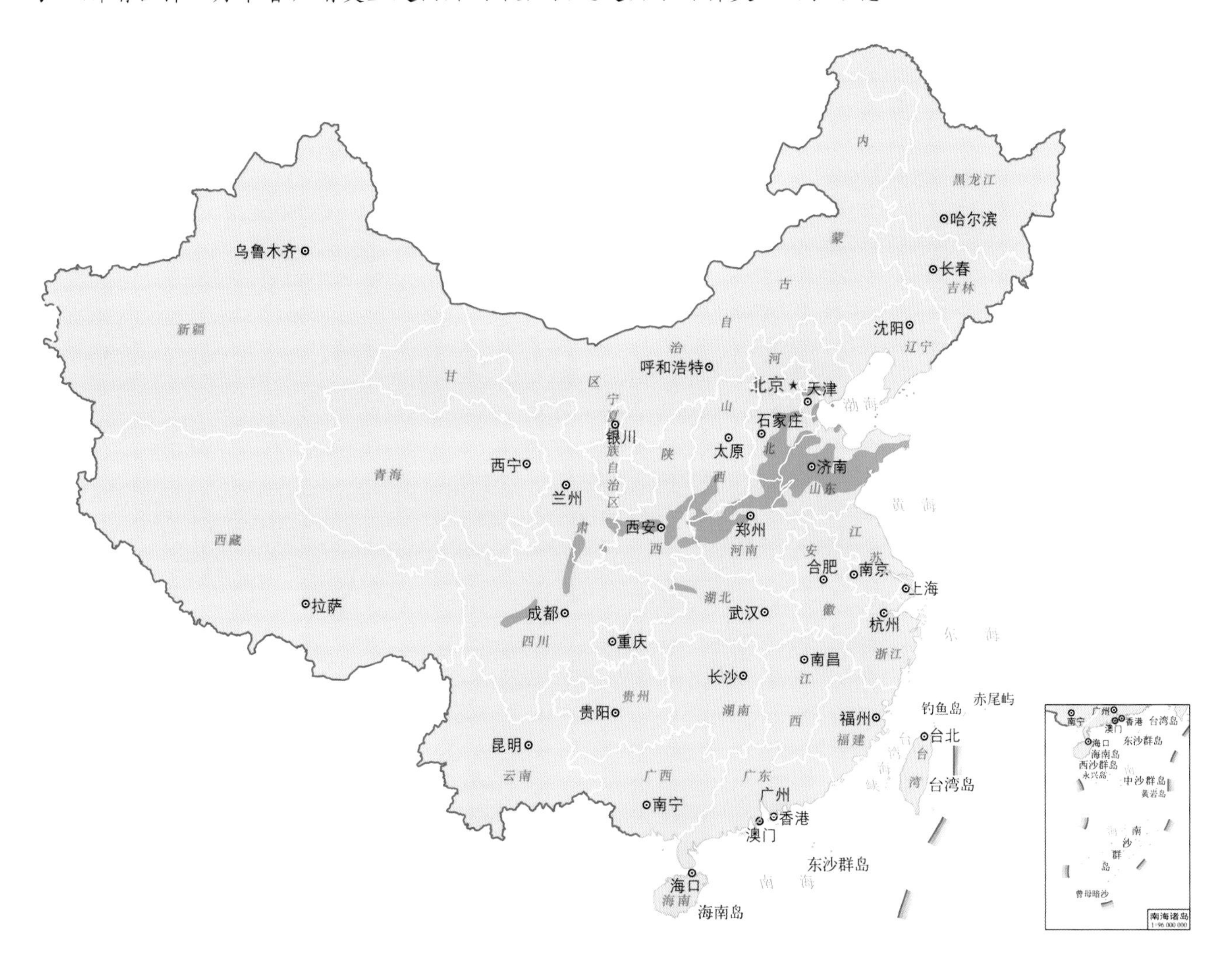

1981—2010年气候基准期，雨水时节降雨概率开始高于降雪概率的区域

气候类节气，处暑译为Heat Withdraws，比戛然而止的End of Heat更能体现暑热渐渐消退的过程性。

雨水不使用Rain Water的传统译法，而改译为First Rainfall，源于气候分析。

雨水时节的降雨概率开始大于降雪概率，其最本质的特征应为降雨开始常态化，不再偶然和轻微。我们以气候基准期内三分之二以上年份至少出现一个雨日作为指标，落区与广义的节气起源地区高度吻合。因此，将雨水译为初雨，契合节气起源地区气候的本质特征。

1981—2010年气候基准期内2/3以上年份节气时段雨日≥1天的情形首次出现在雨水时节的区域

小雪节气译为First Snowfall，大雪节气译为First Snow Cover，同样源于气候分析。

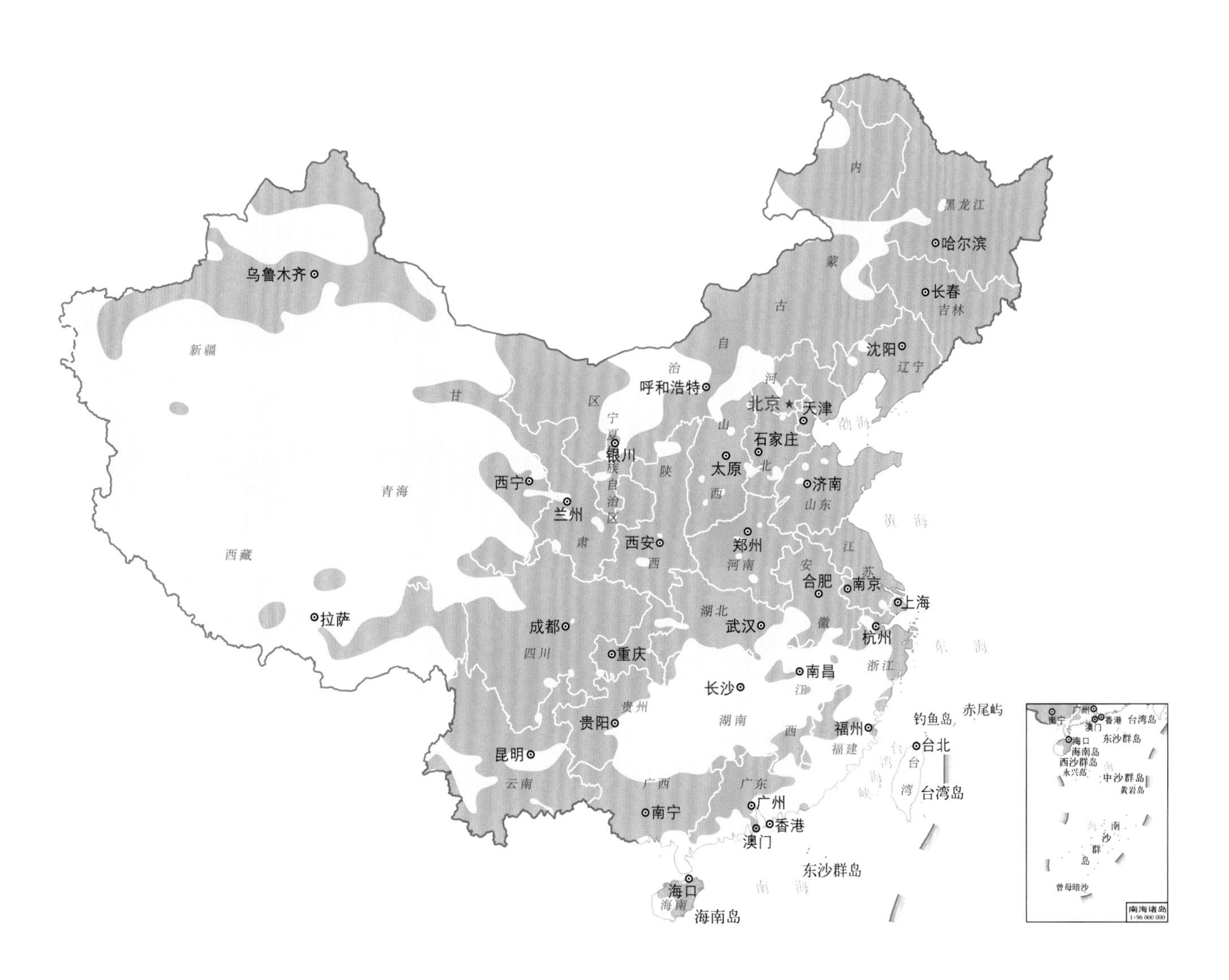

小雪时节比大雪时节降水量更大的区域

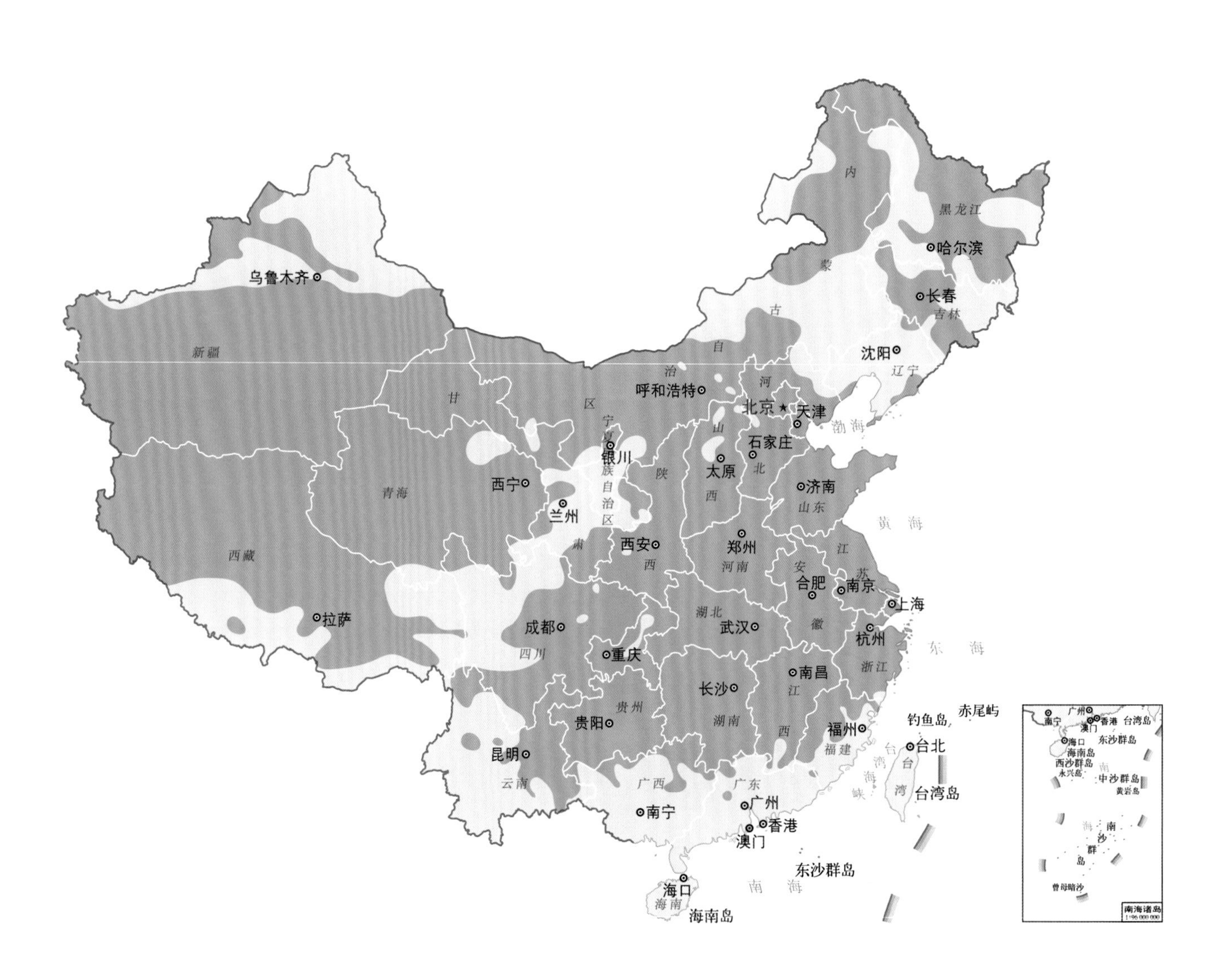

大雪时节比小雪时节降雪日数更多的区域

平均首场降雪在小雪时节的区域

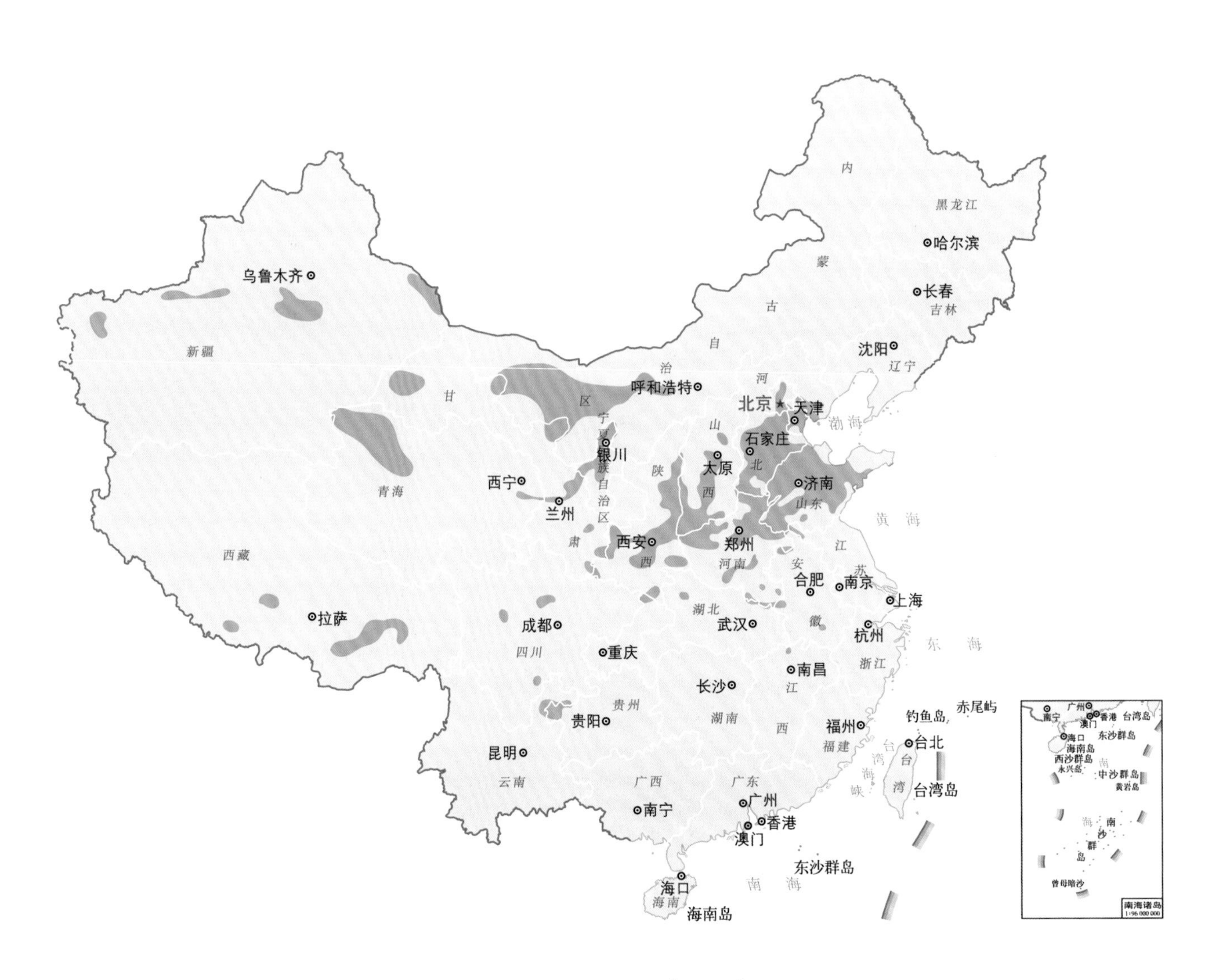

平均首次积雪在大雪时节的区域

在广义的节气起源地区，小雪节气代表的是气候平均意义上的初雪时节。就气候而言，小雪是开始下雪的节气，降水量较大雪时节更大，但降水相态较为复杂，往往雨雪交替或雨雪混杂。大雪是开始积雪的节气。降水日数较小雪时节更多，降水相态较为单一，以纯粹的降雪为主。

与小雪节气相比，大雪时节的降雪日数更多。而从另一个视角看，在广义的节气起源地区，小雪是首次降雪的节气，大雪是首次积雪的节气。

虽然被称为小雪和大雪，但它们并非降雪量最大和次大的节气时段，所以将小雪节气译为Minor Snow、将大雪节气译为Major Snow是不符合气候的。而将小雪、大雪节气分别译为Light Snow和Heavy Snow，不仅没有反映出这两个节气的气候特征态，也与降雪量级意义的小雪、大雪相混淆。

七十二候的英译

七十二候英译的难度更大，它不仅仅是语言学的问题，更涵盖了气候学、生物学以及自然观的底层逻辑与认知。

例如立春一候“东风解冻”，因为立春时节的盛行风并非东风（在传统的“八风”体系中，是东北风），所以英译名不能与东风强行对应。

例如“祭”系列的候应：雨水二候獭祭鱼、处暑一候鹰乃祭鸟、霜降一候豺乃祭兽，它们的所谓“祭”只是人们移情式的臆断，不能依照字面翻译。

例如“化为”系列的候应：惊蛰三候鹰化为鸠、清明二候田鼠化为鴽、大暑一候腐草为萤、寒露二候雀入大水为蛤、立冬三候雉入大水为蜃，这是古人的生命运化观，后世已知不同生物之间“必无互化之理”。所以在翻译时，要兼顾文化，更要基于科学。

例如以例举进行总括的候应：谷雨一候萍始生，虽然说的只是浮萍，但意在水生植物的集体春生。立夏三候王瓜生，虽然说的只是王瓜，但意在藤蔓植物的恣意生长。大雪三候荔挺出，虽然说的是荔挺，但意在凌寒傲雪之草。

例如具有“弦外之音”的候应：谷雨二候鸣鸠拂其羽、谷雨三候戴胜降于桑，看似说的是布谷鸟、戴胜鸟的行为，但意在催促耕织。

例如比较抽象的候应：处暑二候天地始肃，天地的所谓肃，是天地由慈到严的风格变化，由放任万物生长，到催促万物成熟。小雪二候天气上腾地气下降，语出《吕氏春秋·孟冬纪》“天气上腾，地气下降，天地不通，闭而成冬”，实际上代表的是对流性天气的沉寂。

因此，在依从七十二候物候标识的文化意象的前提下，我们在翻译的过程中力求同时体现其科学内涵和物候指向。

七十二候的英译			
七十二候： The 72 phenophases			
	一候： 1st Pentad	二候： 2nd Pentad	三候： 3rd Pentad
春季节气			
立春	东风解冻	蛰虫始振	鱼陟负冰
英译	Start thawing	Hibernants awaken	Fish emerge from thawing ice
雨水	獭祭鱼	候雁北	草木萌动
英译	Otters hold fish as trophies	Swan geese fly north	Vegetation sprouts
惊蛰	桃始华	仓庚鸣	鹰化为鸠
英译	Mountain peaches begin blooming	Orioles begin singing	Cuckoos are seen instead of eagles
春分	玄鸟至	雷乃发声	始电
英译	Swallows arrive	First thunder	First lightning
清明	桐始华	田鼠化为鴽	虹始见
英译	Empress trees begin blooming	Quails are seen instead of voles	First rainbow
谷雨	萍始生	鸣鸠拂其羽	戴胜降于桑
英译	Hydrophyte begins growing	Cuckoos begin singing	Hoopoes hop in mulberry trees with lush leaves
夏季节气			
立夏	蝼蝈鸣	蚯蚓出	王瓜生
英译	Mole crickets chirp	Earthworms crawl out from the ground	Vine flourishes
小满	苦菜秀	靡草死	麦秋至
英译	Sow-thistle begins blooming	Slender grass withers	Wheat approaches ripening
芒种	螳螂生	鵙始鸣	反舌无声
英译	Mantises hatch	Shrikes begin tweeting	Mockingbirds fall silent
夏至	鹿角解	蝉始鸣	半夏生
英译	Antlers shed	Cicadas begin chirping	Crow-dipper begins growing
小暑	温风至	蟋蟀居壁	鹰始挚
英译	Hot wind reach its peak	Crickets hide in the shade	Eyas learn to hunt
大暑	腐草为萤	土润溽暑	大雨时行
英译	Fireflies twinkle on rotten grass	Land is soaked in sauna	Downpour prevails
秋季节气			
立秋	凉风至	白露降	寒蝉鸣
英译	Cool breeze blows	Mist hangs in the air	Bleak chirps of cicadas predict the arrival of autumn
处暑	鹰乃祭鸟	天地始肃	禾乃登
英译	Eagles put down bird as trophies	Everything turns solemn	Grain approaches ripening
白露	鸿雁来	玄鸟归	群鸟养羞
英译	Swan geese fly south	Swallows depart	Birds are busy with winter storage

（续表）

秋季节气			
秋分	雷始收声	蛰虫坯户	水始涸
英译	Thunder ceases	Insects seal their burrows	River banks start drying up
寒露	一候鸿雁来宾	雀入大水为蛤	菊有黄华
英译	Swan geese get temporarily stranded on passage	Clams are seen instead of birds	Golden chrysanthemums begin blooming
霜降	豺乃祭兽	草木黄落	蛰虫咸俯
英译	Jackals put down beasts as trophies	Vegetation withers	Insects slip into hibernation
冬季节气			
立冬	水始冰	地始冻	雉入大水为蜃
英译	Water begins freezing	Land begins freezing	Big clams are seen instead of pheasants
小雪	虹藏不见	天气上腾地气下降	闭塞而成冬
英译	No more rainbow	Convection vanishes	Land freezes completely
大雪	鹖鴠不鸣	虎始交	荔挺出
英译	Flying Squirrels fall silent	Tigers start courtship	Hardiest grass sprouts
冬至	蚯蚓结	麋角解	水泉动
英译	Earthworms bend upward	Elk horns shed	Ice-covered spring itches to surge
小寒	雁北乡	鹊始巢	雉始雊
英译	Swan geese head north	Magpies begin nesting	Pheasants start mate calling
大寒	鸡始乳	征鸟厉疾	水泽腹坚
英译	Hens begin hatching eggs	Falcons keep sharp	Ice layers reach peak time

关于二十四节气英文译名的逐个解析，详见《基于气候和物候的二十四节气英文译名研究》（宋英杰，隋伟辉，孙凡迪，2022）。

我们起草制定的《基于气候和物候的二十四节气及七十二候英文译名研究标准》已于2023年9月发布，标准标号：T/QGCML1448-2023。

春 Spring 七十二候之春季

立春　雨水　惊蛰　春分　清明　谷雨

清明三候

清明一候：桐始华

清明二候：田鼠化为鴽

清明三候：虹始见

谷雨三候

谷雨一候：萍始生

谷雨二候：鸣鸠拂其羽

谷雨三候：戴胜降于桑

春 Spring 七十二候之春季

立春　雨水　惊蛰　春分　清明　谷雨

春，

春为发生。春之气和则青而温阳。

上句出自《尔雅·释天》，概括春季气与象的属性；下句出自[宋]邢昺《尔雅注疏》，刻画春季气与象的常态。

立春书法

立春，正月节。立，建也。春气始至而建立也。

一候东风解冻。冻结于冬，遇春气而解也。二候蛰虫始振。蛰，藏也；振，动也。感三阳之气而动也。三候鱼陟负冰。上游而近水也。

立春正月節立建也春氣始至而建立也一候東風解凍凍結于冬遇春氣而解也二候蟄虫始振蟄藏也振動也感三陽之氣而動也三候魚陟負冰上游而近水也

立春一候：东风解冻

[唐]曹松《立春日》云："春日一杯酒，便吟春日诗。木梢寒未觉，地脉暖先知。"

"冻结于冬，遇春气而解也"，解冻刚刚开始。泮冰残雪，是立春节气的场景基调。

封冻，冻成坚冰，非一日之寒。解冻，融为春水，也非一日之暖。但如果升温足够强劲，可以加速解冻的进程。

很多湖泊，素来便有"文开湖"和"武开湖"之说。

文开湖，就是温度慢慢地攀升，冰层渐渐地变薄，悄悄地破碎、融化。无声无息地，坚冰化为碧波。武开湖，就是温度飙升，狂风大作，在风和巨大温差的双重作用下，冰面如炸裂一般，崩塌、碰撞，融化、涌动，气势恢宏。

"淑气凝和，条风扇瑞"，这体现着人们的天气价值观，淑气，即温和之气。冬春交替之时，人们心目中理想状态，是晴暖。

立春一候：东风解冻（Start thawing）

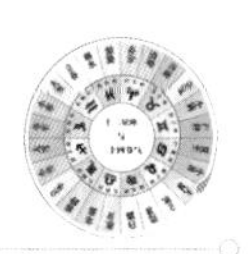

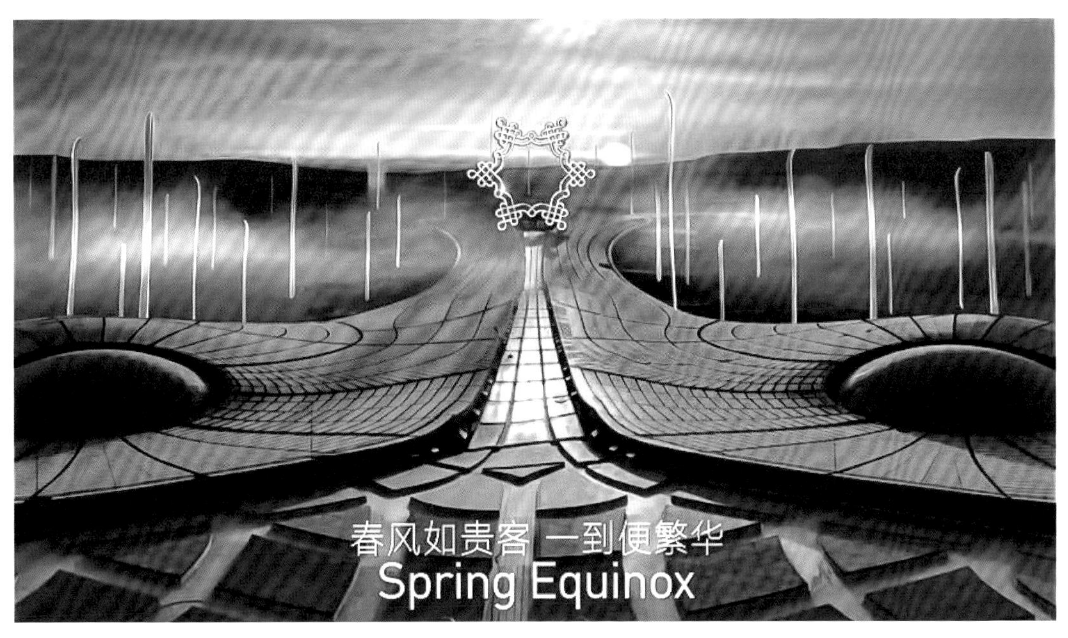

2022年北京冬奥会开幕式二十四节气倒计时之春分节气

2022年北京冬奥会开幕式二十四节气倒计时之春分节气组图的配诗为[清]袁枚《春风》中的“春风如贵客，一到便繁华”。

春风如同我们翘首盼望已久的贵客，春风来了，于是立春解冻、春分试暖，万物复苏。春天里的万物繁盛都如同来自这位“贵人”相助。春风，是诗人心目中万物萌生背后的“动力学”。

《淮南子·天文训》说：“距日冬至四十五日，条风至。”

《史记·律书》说：“条风居东北，主出万物。条之言条治万物而出之，故曰条风。”

季风气候背景下，人们认为时令变化是由风向的变化所推动的。但所谓“东风解冻”，并非“八风”中的确切风向，而是东北风。隆冬时节，本是北风盛行。现在加入了东风的分量，虽非纯正的东风，也算是惊喜了。

对于节气起源地区而言，在东北风领衔的时节，东风虽然只是偶尔客串一下，依然属于“非主流”，但人们感恩于它的“友情出演”，于是将其视为时令标识。而此时的解冻，只是阳光照耀下的初融。完整消融的过程，通常要历时一个月之久。

作为二十四节气起源地区的代表地域，西安原本是立春一候平均气温和地温升到0℃以上，由“零下”到“零上”，立春是温度“转正”的节气，古人说立春“东风解冻”，所言不虚。

但随着气候变化，西安的解冻已由立春一候渐渐前移至大寒二候。

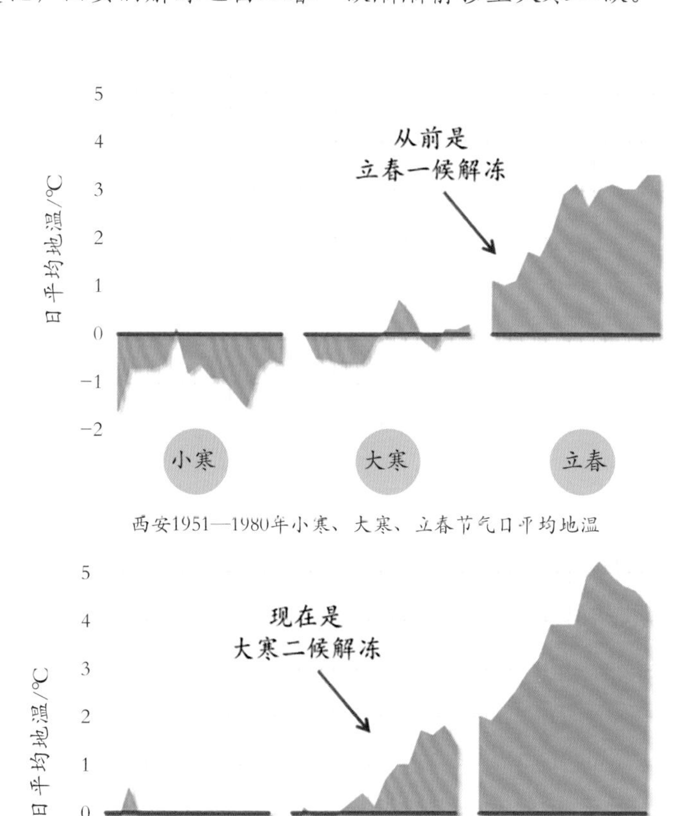

“立春以后东风解冻”的气候变迁

立春二候：蛰虫始振

立春二候：蛰虫始振（Hibernants awaken）

[汉]高诱在对《吕氏春秋》的注释中认为“蛰虫始振”是：冰泮释地，蛰伏之虫乘阳，始振动苏生也。

那么，孟春的“蛰虫始振”与仲春的“蛰虫启户”的区别在哪里呢？

[唐]孔颖达在《礼记正义》中认为：“蛰虫始振者，谓正月中气之时，蛰虫得阳气初始振动，二月乃大惊而出，对二月故云始振。”

显然，蛰虫始振的主题词是“动”，蛰虫启户的主题词是“出”。

在古人看来，立春时节冬眠的动物“感三阳之气而动也”，但它们是动而未出。

大地回暖了，在地下冬眠的小动物最敏感，“密藏之虫因气至而皆苏动之矣”。

它们醒了或者半梦半醒，可以打个哈欠，伸个懒腰了，但起床还早着呢。[唐]王绰《迎春东郊》中的“谁怜在阴者，得与蛰虫伸”，刻画的便是蛰虫的伸懒腰。

蛰虫有的是惊蛰出走，有的是春分启户，有的甚至更晚，立夏二候蚯蚓出，都已经是5月中旬了。小虫子们醒得早，起得晚，不是因为懒，而是因为谨慎。如果太匆忙或者太草率，出门儿赶上倒春寒就惨了。而且，现在气候变化了，冬天来得晚，又经常是暖冬，小动物们往往睡眠不足，所以醒了也想再补个回笼觉。

我们可以将春季的18个物候标识分为3个层面：天上、人间、地下。

“天上”的，比如清明三候 虹始见。

“人间”的，比如雨水三候草木萌动。

“地下”的，比如立春二候蛰虫始振。

人们当然最关注“人间”的物象，但也并没有忽视地下微妙的变化。

为什么呢？因为在古人看来，到了冬天，“阳气下藏地中”，冬春交替之时要通过对于地下的观测，感知阳气的“潜萌”，即偷偷地萌发。“地下”是“春气”萌动的基础环境。

但察看地下物象观测难度系数是最高的，要得出“蛰虫始振”的结论，一要“掘地三尺”，二要恰好发现蛰虫舒展筋骨的动作，三要采集充足的样本数，才能获得统计学上的可信度。从这个意义上说，“蛰虫始振”未必是基于严谨的观测，很可能是“观测+猜测”型的物候标识。只是想告诉人们，小动物们的冬眠就要结束了。

立春三候：鱼陟负冰

鱼陟负冰，由《夏小正》的正月物候“鱼陟负冰”而来。

[清]秦嘉谟《月令粹编》说：**“鱼，冬则气在腴，故降；春则气在背，故升。”**

陟，意为升。古人认为，冬日阳气沉伏在鱼腹，春日阳气升浮在鱼背，所以鱼就贴近冰面了。

《夏小正》说：**“鱼陟负冰。陟，升也。负冰云者，言解蛰也。”**

“负冰云者，言解蛰也”，鱼陟负冰意味着鱼休眠期的结束。

以人的视角，鱼陟负冰，是河冰开始消融，大家可以看到水里的鱼了。

沉寂了一冬的鱼儿在水中游动，吸氧、觅食，甚至来个鱼跃。毕竟憋得太久，也饿得太久！

立春三候物候标识的另一个说法，是《吕氏春秋》和《礼记·月令》中的“鱼上冰”。按照唐代学者孔颖达的注解：“鱼当盛寒之时，伏于水下逐其温暖，至正月阳气既上，鱼游于水上，近于冰，故云鱼上冰。”

[清]喻端士《时节气候抄》说：**“《月令》鱼上冰，上即陟也。水泉动，故渊鱼上升而游水面。春冰薄，若负在鱼之背也。上字意晦，负字极有意义。”**

人们认为“鱼上冰”版本更简洁，但“鱼陟负冰”版本更传神。

那么，人们通常看到的负冰之鱼是什么鱼呢？

按照[汉]高诱的说法，是“鲤鲋之属也。应阳而动上负冰”，大多是鲤鱼和鲫鱼。

鱼陟负冰，可以分为两种情景：

第一种，只是冰层变薄了。隆冬时节，鱼在深水区取暖。立春之后，水温高了，鱼开始贴近冰层游泳，人们可以透过薄冰与鱼对视了。

第二种比第一种更进了一步，冰层破碎了，但水面上还有碎冰碴儿。以人在岸上围观的视角，就感觉鱼是背着冰块儿在游泳一样。所以鱼陟负冰，既写实又写意，是一则很有情趣的物候标识。

立春三候：鱼陟负冰（Fish emerge from thawing ice）

以人的视角，是鱼陟负冰。但以鱼的视角，它们很纳闷，为什么会有那么多人围观？鱼儿心说，你们是没见过冬泳，还是没见过冰水混合物？

于是，就会有这样的情景：有人在冰上凿个洞，鱼儿就会聚过来，透透气儿，甚至跃出水面。

立春时东风解冻是因，无论蛰虫始振，还是鱼陟负冰，都是果，都是天气回暖、冰雪消融的结果。

雨水三候

雨水书法

雨水，正月中。阳气渐升，云散为水，如天雨也。

一候獭祭鱼。岁始而鱼上，獭取以祭。二候候雁北。阳气达而北也。三候草木萌动。天地交泰，故草木萌生发动也。

雨水。正月中。陽氣漸升。雲散為水。如天雨也。一候獺祭魚。歲始而魚上。獺取以祭。二候雁北。陽氣達而北也。三候艸木萌動。天地交泰。故草木萌生發動也。

雨水一候：獭祭鱼

雨水一候：獭祭鱼（Otters hold fish as trophies）

“岁始而鱼上，獭取以祭。”雨水一候獭祭鱼，是立春三候鱼陟负冰的“续集”。

什么是獭祭鱼？

[汉]郑玄对《礼记》中獭祭鱼的注释：**“此时鱼肥美，獭将食之，先以祭。”**

獭怎么祭鱼？

[汉]高诱对《淮南子》中獭祭鱼的注释：**“獭祭鲤鱼于水边，四面陈之，谓之祭鱼也。”**

[唐]颜师古对《汉书》中獭祭鱼的注释：**“獭水居而食鱼，祭者谓杀之，而布列以祭其先也。”**

[宋]陆佃在《埤雅》中描述得更为详细：**“或曰獭一岁二祭，豺祭方、獭祭圆，言豺獭之祭皆四面陈之，而獭圆布、豺方布。”**

雨水一候獭祭鱼与霜降一候豺乃祭兽有细节上的差异：獭祭鱼时，是把鱼一圈一圈地码放；豺祭兽时，是把兽一排一排地码放。

因此所谓獭祭鱼，是说冰面消融之后水獭开始捕鱼（都是休养了一冬的肥美的鱼），然后把战利品陈列在岸边，摆成圆形，如同祭祀时整齐摆放的供品。

但实际上，水獭就像“熊瞎子掰苞米”一样，一条鱼啃上几口就扔在一边，又去吃下一条鱼了。它的习性，是既挑肥拣瘦，又喜新厌旧。因此，所谓水獭捕获鱼儿之后感恩和祭拜的说法，只是古人按照自己的心态和行为模式所作的一番猜想而已。

由于水獭以水为生，对水情的感知尤为敏感，所以水獭的行踪也是一个气候占卜的参照物。

《淮南子·缪称训》中就有“鹊巢知风之所起，獭穴知水之高下”的说法。古人经过长期观察发现，雀巢总是安置在背风的树枝上，而水獭多在水淹不到的地方穴居，因此，人们观察雀巢的方位就可预知风向，观察獭穴距离水面的远近就可预测水情。

[明]李时珍《本草纲目》说：“（水獭）能知水信为穴，乡人以占潦旱，如雀巢知风也。”

[元]娄元礼《田家五行》说：“獭窟近水主旱，登岸主水，有验。”

人们集成动物的本能智慧，这本身就是大智慧。

雨水二候：候雁北

雨水二候：候雁北（Swan geese fly north）

所谓候雁北，是说鸿雁向北迁飞，途经此地。

[汉]高诱对《吕氏春秋》中候雁北的解读为：**“候时之雁，从彭蠡来，北过至北极之沙漠也。”**

[元]吴澄《月令七十二候集解》将其解读为：**“雁，知时之鸟。热归塞北，寒来江南……孟春阳气既达，候雁自彭蠡而北矣。”**

在人们眼中，鸿雁乃知时之鸟，其迁飞乃时令的标识。

但这个候应有“候雁北”和“鸿雁来”两个版本。《吕氏春秋·孟春纪》和《淮南子·时则训》为“候雁北”，《礼记·月令》和《逸周书·时训解》为“鸿雁来”。

[唐]孔颖达曾解读为什么后来“候雁北”代替了“鸿雁来”，他的观点是：冬天的“雁北乡”是从南方到中原，才应该称为“鸿雁来”。春天，鸿雁由中原向北迁飞，叫作“候雁北”才更准确。同时他认为，以月令版本的早与晚来划分。以《礼记》为基准，先前的版本都称为“鸿雁”，后续的版本都称为“候雁”。

《诗经》云：“**雝（yōng）雝鸣雁，旭日始旦。士如归妻，迨冰未泮。**”

晨曦时刻，传来如乐歌般的雁声，心上人趁着尚未冰融，来迎娶吧。

在人们的心目中，雁北飞，是冰雪即将消融的物候标识。九九歌谣中“七九河开，八九雁来”的“八九雁来”说的也正是候雁北。

候鸟在春季的向北迁飞不仅要瞄准气候，还要算准天气，一旦“巡航”过程中邂逅凶猛的寒潮呼啸南下，就只好无奈“返航”或“备降”。例如在盐城自然保护区越冬的丹顶鹤每年二月下旬到三月上旬一般趁着偏南风向北迁飞，但1994年、1998年、2004年、2006年都出现了途中遭遇寒潮而被迫折返的情况。[①]

在二十四节气七十二候的72项物候标识中，有22项是鸟类，为第一大类，其次才是草木物语、虫类物语。

为什么人们格外地在意鸟类的行为呢？

因为古人认为鸟类“得气之先”，它们的行为更具有精准的天文属性，能够最敏锐、最超前地感知时令变化。

什么叫作鸿鹄之志，它们行程的高远，它们的领时令之先，它们细腻的时间直觉，都使人心生敬意。所以，当看到有人在候鸟迁飞的途中设网捕鸟，都会特别心痛，都会觉得他们捕杀的不是鸟，而是人类认知时令范畴的亦师亦友的生灵。

最好是让它们“雁过留声”，而不是我们“雁过拔毛”。

---

① 吕士成，陈卫华，2006. 环境因素对丹顶鹤越冬行为的影响 [J]. 野生动物，27(6):18-20.

雨水三候：草木萌动

雨水三候：草木萌动（Vegetation sprouts）

善待生灵，也应是中国节气文化的题中之义。

中国现存最早的物候典籍《夏小正》所记录的正月物候，便有“囿有见韭”，园子里经冬的韭菜又长出新的嫩叶；有“柳稊（tí）”，柳条有了鹅黄的嫩芽；有“梅、杏、杝（yí）桃则华”，梅树、杏树、山桃树陆续开花。

《夏小正》是用举例的方式，汇集了初春时节的很多草木物语。后来，人们在创立二十四节气的过程中，改用总括的方式，将这些物语，汇成一句话：草木萌动。

汉代《白虎通义》对“草木萌动”的解读是：“言万物始大，凑地而出也。”冬至开始，是阳气潜萌，是在地下偷偷地萌生。雨水开始，是草木有些在地下萌芽，有些在地上萌发。

按照《吕氏春秋》的说法——

孟冬时节是：“天气上腾，地气下降，天地不通，闭而成冬。”

孟春时节是：“天气下降，地气上升，天地和同，草木繁动。”

立冬、小雪所代表的孟冬，上面的天之气向上，下面的地之气向下，它们之间没有了交集，于是天寒地冻；立春、雨水所代表的孟春，上面的天之气向下，下面的地之气向上，它们有了亲密的互动，于是有了“草木繁动”。这就是古人眼中寒来暑往背后的“动力学”。

按照汉代郑玄对《礼记》的注释，“草木萌动”之时，“此阳气蒸达可耕之候也”，就可以开始春耕了。

无论是雨水一候獭祭鱼，还是雨水二候候雁北，都未必能够给人们带来持久的触动和欢喜，人们或许只是淡然一瞥，或者莞然一笑。真正能够使人感受到春意初生的，是草木萌动。

“尽日寻春不见春，芒鞋踏遍陇头云；归来笑拈梅花嗅，春在枝头已十分。”

踏遍岭头缭绕的云层，似乎也找不到春在何处。待回到自己的园中，拈来梅花闻一闻，发现盈盈春意并不在远处，而是在自家的枝头。这是宋人赏春的悟道之语。

秋的妙处在于眺望远处，而春的妙处却在于端详近处。转化为摄影语言，就是赏秋时镜头要“拉出来”，近景里会看到秋叶的枯黄与残败，远景中会看到层林尽染的绚丽。而赏春时恰恰相反，镜头要“推上去”，在细节中品味新绿与初华之美。这似乎也是人们时令审美的一种方法论。

惊蛰三候

惊蛰书法

惊蛰，二月节。蛰虫震惊而出也。一候桃始华。二候仓庚鸣。仓庚，黄鹂也。仓，清也；庚，新也。感春阳清新之气而初出，故鸣。三候鹰化为鸠。即布谷也。仲春之时，鹰喙尚柔，不能捕鸟，瞪目忍饥，如痴而化。化者，反归旧形之谓，春化鸠，秋化鹰。如田鼠之于鴽也，若腐草、雉、爵，皆不言化，不复本形者也。

驚蟄

二月節蟄蟲震驚而出也一候桃始華二候倉庚鳴倉庚黃鸝也倉清也庚新也感春陽清新之氣而初出故鳴三候鷹化為鳩即布穀也仲春之時鷹喙尚柔不能捕鳥瞪目忍饑如痴而化化者反歸舊形之謂春化鳩秋化鷹如田鼠之於鴽也若腐艸雉爵皆不言化不復本形者也

惊蛰一候：桃始华

所谓桃始华，指的是多见于北方的山桃，而非多见于南方的毛桃。以杭州（南宋都城临安）为例，现代物候观测，山桃盛花期为3月5日（惊蛰前后），毛桃盛花期为3月25日前后，山桃的花期比毛桃要早20天左右。

惊蛰一候：桃始华（Mountain peaches begin blooming）

山桃原产于中国，《夏小正》中便有“梅、杏、杝桃则华。杝桃，山桃也”的记载，山水南北朝诗人谢灵运有“山桃发红萼，野蕨渐紫苞”的诗句。

元代《农书》：**“山中一种，正是《月令》中桃始华者。但花多子少，不堪啖，惟堪取仁。文选谓‘山桃发红萼’者是也。”**

虽然有人理性地评价山桃花很好看，桃子不好吃，桃仁尚可用，但作为物候标识，食用性并非首选。

古人遴选物候标识，一要讲究代表性，要常见；二要讲究规律性，要守时；三要讲究观赏性，兼顾“颜值”。《诗经》中“桃之夭夭，灼灼其华”，便刻画了仲春时的物候之美。

人们将桃花始开，作为春阳的标识；将桃花渐落，作为春雨的预兆，所以绵绵春雨，也被称为“桃花水”。

正所谓“花开管时令”，除了桃树，“红杏枝头春意闹”，杏树也是农耕时令的“消息树”，因此《隋书》中有“瞻榆束耒，望杏开田”的说法。桃花是将雨之候，杏花是可耕之候。

秋的妙处在于眺望远处，而春的妙处却在于端详近处。仲春之美，就在于草之新绿、木之初华。

惊蛰二候：仓庚鸣

惊蛰二候：仓庚鸣（Orioles begin singing）

《诗经》云："**仓庚于飞，熠耀其羽。**"黄鹂鸟在飞，羽毛闪耀着熠熠光泽。

《诗经》云："**黄鸟于飞，集于灌木，其鸣喈喈。**"黄鹂时飞时落，欢快婉转地鸣唱。

仓庚，即黄鹂鸟。清代《钦定授时通考》载："仓庚，黄鹂也。仓，清也；庚，新也。感春阳清新之气而初出，故鸣。"在古代，黄鹂的称谓有着地域差异。汉代《方言》曰：自关而东谓之鸧鹒，自关而西谓之鹂黄。

"莺歌暖正繁"，黄鹂鸟被视为春阳清新的感知者和报道者。按照《说文解字》的说法，黄鹂鸟"鸣则蚕生"，说明真正的春暖开始了。

从惊蛰一候桃始华，到惊蛰二候的仓庚鸣，标志着鸟语花香时节的开始。谚语说："惊蛰过，暖和和，蛤蟆老角唱山歌。"在人们眼中，莺与燕是春天里最好的歌唱家和舞蹈家，所以才有"莺歌燕舞"之说。

宋代《埤雅》说："**仓庚鸣于仲春，其羽之鲜明在夏。**"

黄鹂的鸣音报道春天，黄鹂的羽色报道夏天。从"两个黄鹂鸣翠柳"到"夏木阴阴啭黄莺"，人们从黄鹂鸟鸣音和羽色的变化中，感受着由春到夏的时令变化，谚语说"立夏不立夏，黄鹂来说话"。

对于仲春天气，《诗经》里写的是："春日载阳，有鸣仓庚。"春天的阳光承载着和暖之气，黄鹂鸟快乐地鸣叫。

惊蛰三候：鹰化为鸠

“鹰化为鸠”是说老鹰惊蛰时变成了布谷鸟。

清代《钦定授时通考》说：（鸠）即布谷也。仲春之时，鹰喙尚柔，不能捕鸟，瞪目忍饥，如痴而化。化者，反归旧形之谓，春化鸠，秋化鹰。如田鼠之于鴽也，若腐草、雉、爵，皆不言化，不复本形者也。

我们可以这样理解：春暖之后，食物多了，鸟类的性情不那么凶猛了，变得温顺了，由“鹰派”变成了“鸽派”。

[唐]韦应物诗云：“微雨霭芳原，春鸠鸣何处。”

到了仲春，人们看不到鹰了，但鸠忽然多了起来，于是人们以为鹰变成鸠。

实际上，此时鹰躲起来忙着孵育小鹰，鸠忙着鸣叫求偶，是鹰和鸠的恋爱与婚育存在着时间差而已。

惊蛰三候：鹰化为鸠（Cuckoos are seen instead of eagles）

古老的节气物候标识中，有不少是某种生物变成另一种生物的说法，例如鹰化为鸠、田鼠化为鴽、腐草为萤、雀入大水为蛤、雉入大水为蜃，等等。

这里涉及两个概念，一个是“为”，一个是“化为”。这两个概念之间有什么区别呢?

[唐]孔颖达《礼记正义》说：**化者，反归旧形之谓。故鹰化为鸠，鸠复化为鹰。若腐草为萤、雉为蜃、爵为蛤，皆不言化，是不复本形者也。**

可见，“为”是不可逆的，比如“腐草为萤”，说草腐烂之后变成萤火虫，但萤火虫不能再变成草。

[清]曹仁虎《七十二候考》说：**鹰鸠必无互化之理。豺獭宁知报本之诚。虹藏于小雪，气已稍迟。考雉雊于小寒，时犹太早。蜃蛤成于大水，非亲见之。**

“鹰化为鸠”只是古人的假说而已，后来人们逐渐认识到“鹰鸠必无互化之理”。

在古人看来，惊蛰时布谷鸟是以“鹰化为鸠”的方式亮相的，然后便以春神的身份开始了它辛勤的催耕工作。

在七十二候中，有4项与鹰相关：

（1）惊蛰三候鹰化为鸠;

（2）小暑三候鹰始挚;

（3）处暑一候鹰乃祭鸟;

（4）大寒二候征鸟厉疾。

这是古人以鹰的神态和行为为时令标识，界定一年之中的寒热温凉。

春分三候

春分书法

春分，二月中。分者，半也，当春气九十日之半也。

一候玄鸟至。玄鸟，燕也。春分来，秋分去。二候雷乃发声。四阳渐盛，阴阳相薄为雷。乃者，象气出之难也。三候始电。阳光也。电，四阳盛长，气泄而光生也。凡声属阳，光亦属阳。

春分一候：玄鸟至

春分一候：玄鸟至（Swallows arrive）

在上古时期，每当季节更迭，天子都要“亲率三公九卿诸侯大夫”到郊外“迎气”，迎候新季节的到来。唯独春分时节，除了祭祀太阳之外，还有一项高规格的仪式，就是天子亲率家眷恭迎燕子这位春神。

《礼记·月令》：“**仲春之月……玄鸟至。至之日，以大牢祠于高禖。天子亲往，后妃率九嫔御，乃礼天子所御。**”

“四立”之际，天子是“亲率三公九卿诸侯大夫”到郊外迎气。而燕子归来之际，天子是亲率家眷迎接燕子，向生育女神高禖求子。燕子，在古代是享受最高规格官方礼遇的动物，也是被古文化保护的生灵。而与人最亲近、居人檐下的燕子，被称为家燕。

在古代，鸟类“待遇”最高的就是燕子。《诗经》中有“天命玄鸟，降而生商”之说，《逸周书》中有“玄鸟不至，妇人不娠”（燕子不按时回来，天下的女子便无法怀孕）之说，燕子是被神化了的候鸟。上古文化的潜移默化，使得中国人一直尊敬并保护着这种可爱的生灵。

因为燕子的回归时间常与古代春社的日期相近，所以燕子也被成为“社燕”，相当于春社的物候Logo（标志）。

春社是在立春后的第五个戊日，一般是在3月15—28日，与春分一候玄鸟至之说基本吻合。

但后来，燕子的回归时间逐渐延后。宋代晏殊的“无可奈何花落去，似曾相识燕归来”，描述的便是落花的暮春时节，燕子才翩翩回归。于是，便有了“咫尺春三月，寻常百姓家；为迎新燕入，不下旧帘遮”的情景。

以现代的物候观测，节气起源的黄河流域地区，燕子的回归时间通常是在谷雨时节，北京也是如此。

春分一候，有玄鸟至和元鸟至两个版本。因唐代、宋代与清代都曾因避讳将“玄鸟”称为“元鸟”。例如宋代是为了宋圣祖赵玄朗的名讳，清代是为了避康熙帝玄烨的名讳。

春分二候：雷乃发声

春分二候：雷乃发声（First thunder）

什么是“雷乃发声”？

[唐]孔颖达《礼记正义》：雷乃发声者，雷是阳气之声将上与阴相冲……以雷出有渐故言乃。

“雷乃发声”，被视为阳气与阴气相冲。所以古代的天气观测中，雷声是否“和雅”被当作阴阳是否调和的一项指标。

《淮南子》说：“春分则雷行。”

虽然惊蛰往往使人联想到春雷，但春分才是“雷乃发声”的节气。

[汉]高诱在对《吕氏春秋》的注释中写道：“冬阴闭固，阳伏于下，是月阳升，雷始发声，震气为雷，激气为电。”

唐代《玉历通政经》说：“二月，四阳盛而不伏于二阴。阳与阴气相薄，雷遂发声。”

在古人看来，冬天阳气只能潜伏在地下，到了农历二月，阳气才钻出来。然后不甘于沉默，开始勇于“亮剑”，于是“震气为雷，激气为电”，以雷电的方式“刷存在感”。

“鼓者，郭也，春分之音也，万物郭皮甲而出，故谓之鼓。”汉代《风俗通义》更是将阳气所激发的战鼓般喧天震地的声音称为“春分之音”，作为春分时节所特有的声音。

七十二候中“雷乃发声”和“始电”都是春分的节气物语。可见，在二十四节气创立之初，春分便已经被确定为初雷鸣响的气候时间。

但初雷往往雷声大、雨点小。按照清代钦天监的观测，初雷之时65%是“天阴无雨”，25%是“天阴微雨”。换句话说，约90%的初雷都并没有带来有效降水。

到了阳春三月，雷雨天气才变得更多，也更具声势，所以有人认为，这时才是雷雨季节的开始。

《淮南子》说：“季春三月，丰隆乃出，以将其雨。”是说农历三月雷神才正式现身，播撒雨水。（丰隆，也作“丰霳”，古代的雷神。）

在古代，人们认为有专门负责雷电天气的雷神，这是对于雷电威严的“神化”表达。

在大多数国家的神灵体系中，雷神的地位通常都高于其他天气神，甚至是最高等级的神灵。希腊神话中至高无上的主神宙斯便是雷神。对于雷神的崇拜，是一种全球性的文化现象。

对于雷的敬畏，首先源于它的巨大震响之声，大家以为是天之怒，是上苍对于人们的惩罚。

同时，雷电在古人眼中，也是天威的代名词。正所谓“雷霆雨露，皆是君恩”，《逸周书》中也说“雷不发声，诸侯失民。不始电，君无威震”。古人以天人感应的思维，认为如果不应时出现雷电，将会危及天子和诸侯的威望。

但随后人们发现，雷电的发声，与万物繁盛的季节相对应，雷出则万物皆出，雷息则万物皆息，似乎雷电也是万物长养之神。于是，人们对于雷电，既有畏惧，又有尊崇。再后来，人们发现雷雨之后，空气格外清新，这是因为雷电使空气中的负氧离子含量特别高——于是对雷电便又平添了一份好感。

按照1981—2010年气候期的状况，所谓“一雷惊蛰始”，主要契合长江沿线。春分的“雷乃发声”，主要契合淮河—秦岭一线。对于节气体系起源的黄河中下游地区而言，初雷大多是在清明谷雨时节。

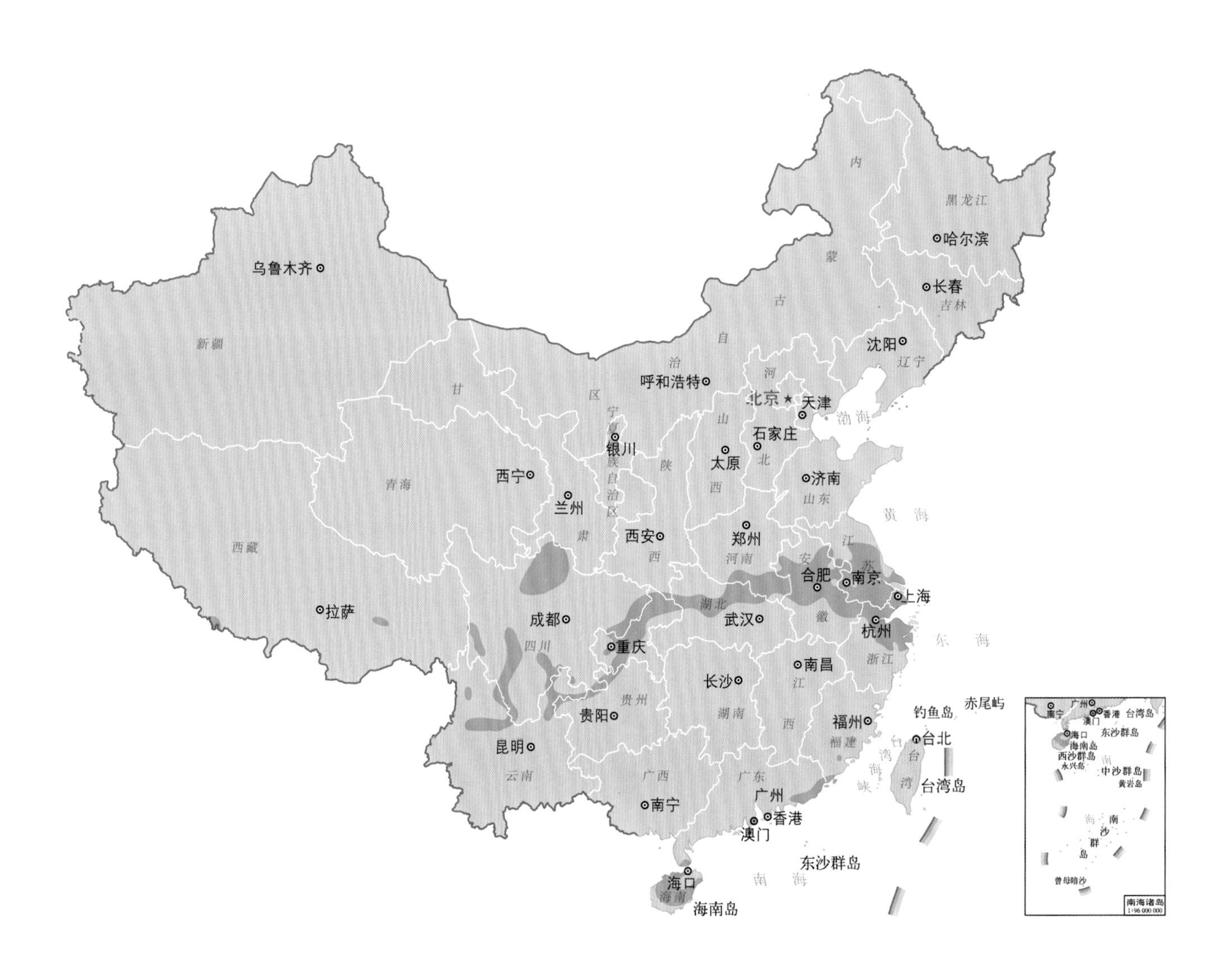

平均初雷日出现在惊蛰时节的区域

平均初雷日在春分时节的区域

一次，某电视台编导跟我探讨《三国演义》中“煮酒论英雄”的故事是发生在哪个节气。

书中有这样几个线索：

【时令背景】

曹操说：“方今春深，龙乘时变化。”

曹操的这句话，已经框定了基本时段。春深，以月论，当是孟春、仲春、季春中的季春三月；以节气论，当是季春的清明谷雨时节。

【天气实况】

把酒之时的天气三部曲：

（1）酒至半酣，忽阴云漠漠，骤雨将至；

（2）时正值天雨将至，雷声大作；

（3）天雨方住。

煮酒论英雄的过程中，已非春季大尺度降水的绵雨，而是夏季小尺度降水的骤雨，且伴有雷电。以古人的说法，这种对流性降水近似初夏开始的“分龙雨”。

许昌的初雷约32%发生在谷雨时节（峰值时段）。谷雨时节雷暴日数为1.11天，是清明时节的1.7倍。时间界定为春夏之交的谷雨时节更契合气候。

【物候线索】

（1）玄德正在后园浇菜；

（2）适见枝头梅子青青。

许昌的气候入春是在3月25日前后，“清明宜晴，谷雨宜雨”，谷雨时节是草木“添枝加叶”过程中最渴望润泽之时。而“梅子青青”的时间指向更明确，梅子通常是5月青涩、6月黄熟。5月初，是泡梅子酒的“上时”。近代江浙以青梅作为“立夏三新”之一。以青梅煮酒，当是谷雨三候至立夏时节。

[明]项圣谟《青梅初熟》图卷（局部）（故宫博物院藏）

[清]郭麟《夏初临·麦人》说：“立夏时光，青梅白笋朱樱。”

[清]顾禄《清嘉录》说：立夏日，家设樱桃、青梅、穗麦，供神祀先，名曰“立夏见三新”。

所以《三国演义》中“煮酒论英雄”的时间应该是在谷雨。如果再确切一点儿，可能是在谷雨三候（4月30日至5月4日）前后。

春分三候：始电

春分三候：始电（First lightning）

[唐]元稹的春分诗有云：“雨来看电影，云过听雷声。”

这个“电影”，不是我们在电影院里看的电影，而是闪电。

[唐]孔颖达在《礼记正义》中解释道：“电是阳光，阳微则光不见。此月阳气渐盛，以击于阴，其光乃见，故云始电。”

这里所说的阳光，是指阳气之光，阳气“气泄而光生”。在古人看来，凡声音皆属阳，凡光亮皆属阳，春分时节雷鸣电闪，是阳气强盛到一个临界点的标志。

“仲春之月，阳气方盛，阴不能制，故阳光闪烁而为电。”阳气随着实力增强，不再受制于阴气，开始与其正面交锋。于是，不仅战鼓震天，而且刀光炫目。

我们说电闪雷鸣，电闪是因，雷鸣是果，有雷声必然有闪电，那为什么在人们感觉上，春分二候已有雷鸣，而5天之后的春分三候才有电闪呢？

这或许是因为，春分时节，最初的雷电，雷声显得更突出，因为闪电可能只是在云中放电或云间放电，要么被云层遮挡，看不清楚；要么看见了也觉得很远，有点事不关己的感觉。大家感觉雷公是主角，闪电只是陪着雷公出场的一位“灯光师”。

但再过些天，就不一样了，云—地闪电就会有所谓的“落地雷”，可能劈到人，导致伤亡；可能劈到树，造成火灾。

古人认为雷和电是由雷公、电母两位大神分别掌管的两项相对独立的“业务”，它们既有协作也有分工。在古人看来，电是“阳光”，是阳气所发出的光芒。阳气渐盛时始电，这是衡量阳气强度的现象指标。

所以在节气物候标识中雷和电被分开记录，可能与雷电灾害的发生概率也有一定的关系。雷乃发声的侧重点是雷，被视为“天怒”，始电的侧重点是电，被视为“天谴”。前者只是生气了，后者是真的重拳出击了。

清明三候

清明三月節萬物至此皆潔齊而明白也一候桐始華桐有三種華而不實曰白桐亦曰花桐尔雅謂之榮桐至是始華也二候田鼠化為鴽鴽鶉鼠陰而鴽也三候虹始見虹日與雨交天地之淫氣也

清明书法

清明，三月节。万物至此皆洁齐而明白也。

一候桐始华。桐有三种，华而不实曰白桐，亦曰花桐，《尔雅》谓之荣桐。至是始华也。二候田鼠化为鴽。鴽，鹑。鼠阴而鴽也。三候虹始见。虹，日与雨交，天地之淫气也。

清明一候：桐始华

清明一候：桐始华（Empress trees begin blooming）

从前，人们以梧桐开花作为阳春的物候标识，以梧桐落叶作为初秋的物候标识。

从《诗经》中，我们便可以感受到梧桐非寻常之木。

凤凰择梧桐而栖，“凤凰鸣矣，于彼高冈。梧桐生矣，于彼朝阳”。

琴瑟由梧桐而成，“宜言饮酒，与子偕老。琴瑟在御，莫不静好”。

在人们的意念之中，梧桐乃“比德”之木，高贵品德的代言物。

明代《群芳谱》：“桐有三种，华而不实曰白桐，亦曰花桐，《尔雅》谓之荣桐，至是始华也。”

[唐]韩愈《寒食日出游》诗中的“桐华最晚今已繁”，便是清明一候的桐始华。桐始华中的“桐”指的是白桐（泡桐）。而青桐（梧桐）的花期通常是在仲夏，并非阳春。

但在中国古代，梧桐是一个非常宽泛的概念，既包括青桐（梧桐），也包括白桐（泡桐）。

有人认为“桐”与“梧桐”是两类不同的植物，例如《说文解字》说，“桐，荣也。荣，桐木也”，而“梧，梧桐木也”。也有人认为“桐”就是“梧桐”，例如[汉]高诱对《吕氏春秋》的注释：“桐，梧桐也，是月生叶。故云始华。”

南北朝时期陶弘景《本草经集注》将桐树细分为四种：青桐、梧桐、白桐、岗桐。

青桐和梧桐可由茎皮颜色区分，青桐色青、梧桐色白。白桐和岗桐可由花来区分，白桐有花，岗桐无花。

[明]李时珍《本草纲目》在对桐树类别进行梳理的基础上指出了前人之谬：“桐华成筒，故谓之桐，其材轻虚，色白而有绮文，故俗谓之白桐。泡桐、古谓之椅桐也。先花后叶，故《尔雅》谓之荣桐。”“或言其花而不实者，未之察也。陆玑以椅为梧桐，郭璞以荣为梧桐，并误。白桐，一名椅桐，人家多植之，与岗桐无异，但有花、子，二月开花，黄紫色。《礼》云三月桐始华者也，堪作琴瑟；岗桐无子，是作琴瑟者。本草用桐华，应是白桐。”

在古代诗文之中，与桐花花期相近的梨花更为显赫，所以清明风也被称为梨花风，“梨花风起正清明”。李白诗云：“柳色黄金嫩，梨花白雪香。”从早春时的柳色，到暮春时的梨花，概括了整个春天的物候历程。

清明二候：田鼠化为鴽

清明二候：田鼠化为鴽（Quails are seen instead of voles）

什么是鴽？

《夏小正》说："鴽，鹌也。"《本草纲目》说："鴽乃鹑类。"

鴽，为鹌鹑类的小鸟，这一点自古少有争议。

那现在还能看到鴽吗？

在现代的词典中，有的解释是"古书上指鹌鹑类的小鸟"；有的更简化："鴽，一种鸟。"看来这种鸟已经绝迹了。

从字面的意思看，"田鼠化为鴽"是田间的老鼠变成了鹌鹑那样的鸟儿。

清明时节，人们发现田里的老鼠少了，那它们到哪儿去了呢？哦，可能是变成了颜色、个头都与老鼠差不多的鹌鹑。

但真实的情况是：随着天气快速回暖，老鼠躲到地下"避暑"去了。

无论清明二候“田鼠化为鴽”，还是惊蛰三候“鹰化为鸠”，都只是古人对于物候变化所作的一番猜想而已，谈不上科学与否。

可见，古人归纳的节气物候标识，有些是观测型的，是亲眼所见；有些是观测+猜测型的，现象是亲眼所见，但原因是什么，犹未可知，那就给出一个基于猜测的“参考答案”。

在古代，“化”是一个很玄奥的概念。

先秦的师旷在《禽经》中说：**“羽物变化转于时令。”**

田鼠化为鴽的“化”是状变而非实变。

《荀子》对状变和实变的阐述是：**“状变而实无别而为异者谓之化，有化而无别谓之一实。”**

具体到田鼠和鴽之间的转化，按照唐代孔颖达的说法：“凡云化者，若鼠化为鴽，鴽还化为鼠。”

也就是说，阳春时田鼠化为鴽，然后仲秋时鴽再化为鼠，它们之间只是状变。

古人所谓的“化为”，是可逆的。天暖的时候，田鼠可以变成鹌鹑；天凉的时候，鹌鹑还能再变成田鼠。

古人认为鼠是至阴之物，而鴽是至阳之物，阴与阳可以相互转化，一个冬半年活动，一个夏半年活动，就像一个值白班一个值夜班似的。

所以“化为”，更像是所谓的轮回。当然，这一切都是古人对于物候变化的无关科学的假说。

先秦时期能够入选节气物候标识的鸟类，想必都是山野田园当中人们低头不见抬头见的鸟儿。但是现在，有些稀有了，有些绝迹了，甚至关于节气物候的古籍，成了它们唯一的“栖息地”，它们已无法担当节气物候的代言物了。这也是我们在二十四节气古老的节气物语中所感受到的一种沧桑，以及遗憾。

清明三候：虹始见

舒婷《致橡树》：“**我们分担寒潮风雷霹雳，我们共享雾霭流岚虹霓。**”

这些天气现象中，此生当与恋人共享的，是虹霓之美。

从前，人们认为彩虹乃是阴阳交会之气，是阴阳势均的产物。是阴阳消长、气序更迭过程中的平衡态，造就了虹霓之美，并认为虹霓有雌雄之分，鲜盛的虹为雄，暗微的霓为雌。

早在唐代，学者孔颖达在对《礼记》的注释中说：“**虹是阴阳交会之气，纯阴纯阳则虹不见。若云薄漏日，日照雨滴则虹生。**”宋代学者沈括写道：“**虹，雨中日影也，日照雨即有之。**”

可见在古代，虽然人们通常以阴阳学说解释彩虹，但已经有人对彩虹的生成原理作出了接近正确的论述。

《诗经》中便有“朝隮于西，崇朝其雨”的描述，是说早晨西边天上有彩虹，中午之前就会下雨（此说适用于西风带地区）。与之相应的谚语这样表述：“东虹日头西虹雨”或“有虹在东，有雨落空；有虹在西，人披蓑衣”。人们很早便开始借用彩虹来预测天气。

彩虹，是阳光照在雨后漂浮在天空中的小水滴上，被分解成七色光，即光的色散现象。

彩虹，是多与雷雨相伴的绚丽的气象景观，而古人以为祥瑞，所以往往对彩虹进行穿凿附会的解读。

清明三候：虹始见（First rainbow）

谷雨三候

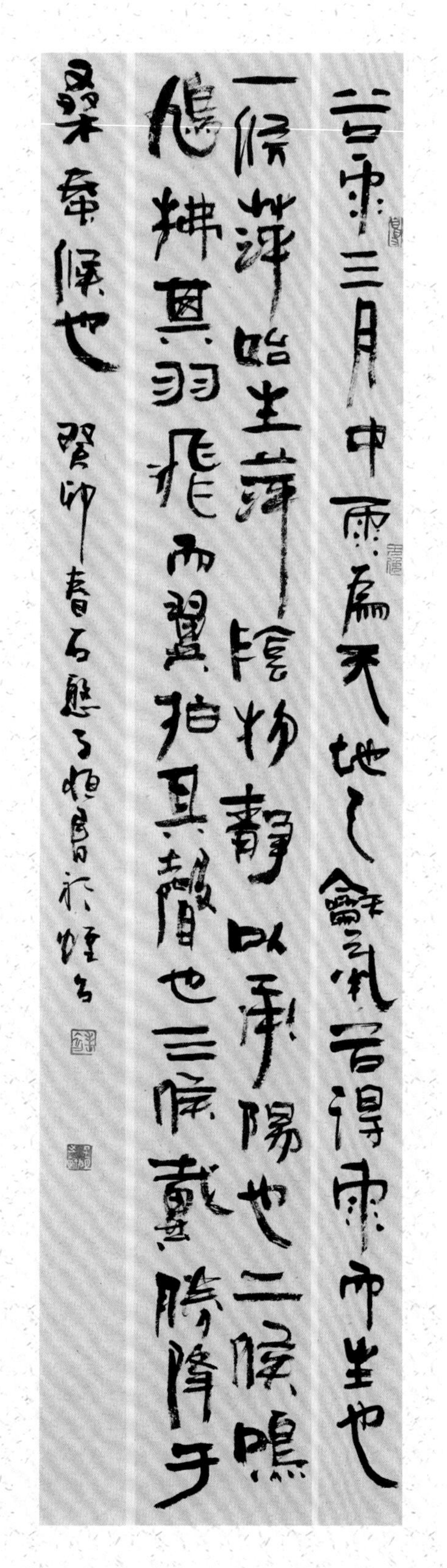

谷雨书法

谷雨，三月中。雨为天地之和气，谷得雨而生也。

一候萍始生。萍，阴物，静以承阳也。二候鸣鸠拂其羽。飞而翼拍其声也。三候戴胜降于桑。蚕候也。

谷雨一候：萍始生

南北朝时期的《玉篇》刻画了萍的特质：萍草无根水上浮。

萍，在《礼记·月令》中写作“苹”。[汉]郑玄注释：“苹，萍也。其大者曰蘋。”[汉]高诱在《淮南子》的注释中说：“萍，水藻。”可见，萍与蘋、藻通常不被严格区分。

《诗经》：**“于以采蘋？南涧之滨。于以采藻？于彼行潦。”**

萍，因为“与水相平故曰萍”。萍，“静以承阳”，这是古人眼中阳气浮动于水的象征。

水比土的热容量大，在天气回暖的过程中，水温升速缓于地温。所以到了暮春，水生植物才逐渐春生。“萍始生”虽特指萍，但亦描绘了水生植物的集体春生。所以我们在英译时，没有采用狭义的Duckweed（浮萍），而采用广义的Hydrophyte（水生植物）。

阳春三月，有两组最经典的“相逢”：一是清明时节风与花的相逢，一是谷雨时节萍与水的相逢。

谷雨一候：萍始生（Hydrophyte begins growing）

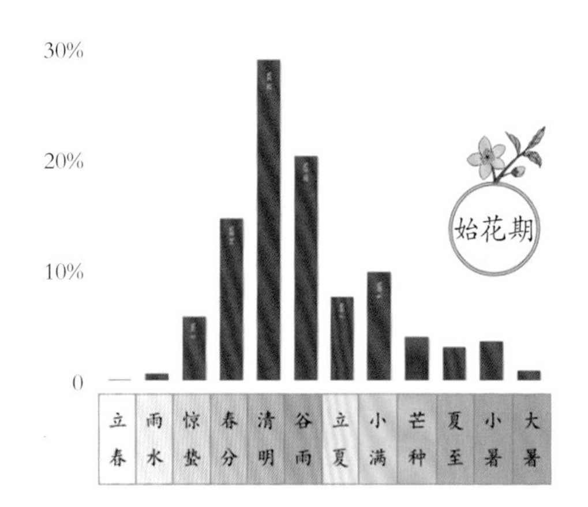

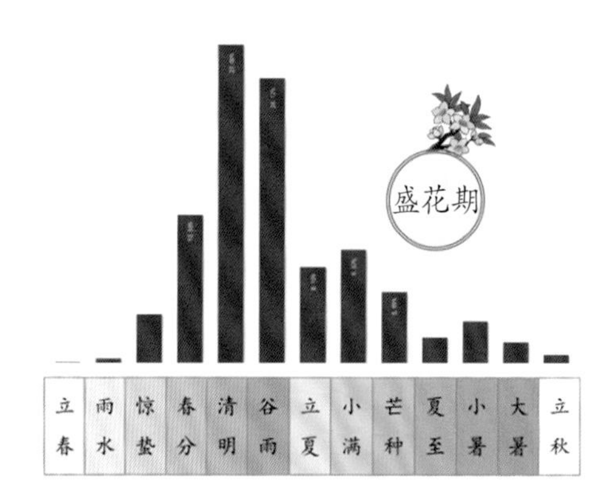

北京始花期和盛花期的节气时段概率分布（基于1963—2012年48种木本植物的物候观测）

南宋程大昌《演繁露》引述南北朝时期南唐学者徐锴《岁时广记》的说法：“花信风，三月花开时风名花信风。初而泛观，则似谓此风来报花之消息耳。”

在节气起源地区，什么时节风最大？阳春三月。什么时节花最多？阳春三月。

从对北京1963—2012年这50年间48种木本植物始花期和盛花期的统计可见，清明时节是北京始花和盛花概率最高的时段。

风季与花季合于阳春，是风与花的相逢。《淮南子》中清明的称谓“清明风至”，实是应和花期的风。

最初的二十四番花信风，便特指阳春三月恪守气候规律的风，“风应花期，其来有信也”。

谷雨二候：鸣鸠拂其羽

谷雨二候：鸣鸠拂其羽（Cuckoos begin singing）

而谷雨过后，花期终结“江南四月无风信，青草前头蝶思狂”，即使再有风，这位花的信使也送不来花的消息了。

“鸣鸠拂其羽”是说谷雨时霖雨渐至，羽毛不耐雨打的布谷鸟时而鸣叫，时而需要整理被淋湿的羽毛。但其内在含义却是布谷鸟鸣唱催耕。

[汉]郑玄为《礼记》作注曰：**“鸠鸣飞且翼相击，趋农急也。”**

[唐]虞世南在《北堂书钞》中更简洁地道出了“鸣鸠拂其羽”的要义：**“鸣鸠趋农。”**

布谷，又名杜鹃、子规。同一种鸟的3个不同称谓，具有着完全不同的文化意境。

布谷鸟是古代的春神，鸠鸣春暮，“鸣鸠拂其羽，四海皆阳春”。

但在人们看来，布谷鸟独特的叫声，似乎是在催耕：

· **布谷布谷，磨镰扛锄。**

· **阿公阿婆，割麦插禾。**

· **布谷布谷天未明，架犁架犁人起耕。**

南北朝时期《荆楚岁时记》说：“**有鸟名获谷，其名自呼。农人候此鸟，则犁杷上岸。**”

“布谷布谷督岁功”，布谷鸟的人文形象，很像是田间一位尽职尽责的农事督察。

当然，在生物学者看来，布谷鸟的啼叫，只是宣示领地的声音。

鸟语花香的春季，古人从鸟之语、花之香中领悟到“花木管节令，鸟鸣报农时”的农耕智慧。其实阳春时节，可供遴选、可以欣赏的物候标识实在是太多了。但是农民们无暇欣赏，闲的时候眼里才有风景。“窗前莺并语，帘外燕双飞”，但莺歌燕舞远不如布谷鸟的声音有感召力。

对于节气起源地区而言，阳春时节是“雨频霜断气温和，柳绿茶香燕弄梭；布谷啼播春暮日，栽插种管事繁多”，是“清明断雪，谷雨断霜”。

【西安】布谷始鸣：5月17日（5月7—30日，多年变幅23天）

【西安】布谷终鸣：6月08日（5月25日—6月23日，多年变幅29天）

【北京】布谷始鸣：5月22日（5月16日—6月18日，多年变幅33天）

【北京】布谷终鸣：7月15日（5月21日—7月31日，多年变幅71天）

根据现代的物候观测，北方布谷初鸣时间，并不在农事既起的阳春时节，而是在初夏的小满前后。所以，布谷并不能在各地都胜任“劝课农桑”的职责。

《诗经》云：“**桑之未落，其叶沃若。于嗟鸠兮，无食桑葚！**”

色泽美的桑叶、口感好的桑葚，被用来形容美少女。而某些男人，被比喻为贪吃桑葚的斑鸠！

古时立春时，女子“纤手裁春胜”，按照某些春天品物的形状剪裁出各种饰物，戴在头上，称为“春胜”。还有人戴花，或者戴彩帛，或者缀簪于首，以示迎春。

谷雨三候：戴胜降于桑

谷雨三候：戴胜降于桑（Hoopoes hop in mulberry trees with lush leaves）

戴胜鸟最醒目的特点是羽冠高耸，鸣叫时羽冠起伏。人们觉得它的羽冠就像是戴着春胜一般，所以将其称为“戴胜鸟”，并被视为“织纴之鸟”。

所谓戴胜降于桑，是说戴胜鸟在桑树上筑巢孵育雏鸟。

那为什么偏偏是在桑树之上呢？

它并不是“择良木而栖”，而是因为先秦时期黄河中下游地区桑树特别多，谷雨时节桑树也更繁盛而已。桑绿，体现阳春物候，是草木青葱时光的写照，更是对田园春色的总括。

在古人眼中，桑乃四时之药。春取桑枝，夏摘桑葚，秋打霜桑叶，冬刨桑根白皮。

但特地言及桑树的深层次原因，却是因为蚕。“戴胜降于桑”意在“蚕候也”。

《逸周书汇校集注》说：“**蚕事之候鸟也。鸟似山雀而尾短，色青。毛冠俱有文饰，若戴花胜，故谓之戴胜。**”

阳春三月，“蚕事既登”，是蚕生之候，所以也被称为“蚕月”。

蚕，以桑叶为食，而谷雨正是桑叶鲜美之时，“蚕月桑叶青，莺时柳花白”。

古代社会，耕地有“桑田”之说，广义的农业有“农桑”之谓。温饱源于耕织，对于耕织的勉励，叫作“劝课农桑”。

其实，谷雨二候的鸣鸠拂其羽、谷雨三候的戴胜降于桑，就是一种物化的“劝课农桑”。

“布谷催耕以兴男事，戴胜催织以兴女功。戴胜头戴花胜，黼黻（fǔ fú）太平之象，降于桑以兴蚕也。”

鸣鸠拂其羽，是以布谷鸟为标识，催促耕田之事；戴胜降于桑，是以戴胜鸟为标识，提示养蚕之事。勿因慵懒，错失天时。

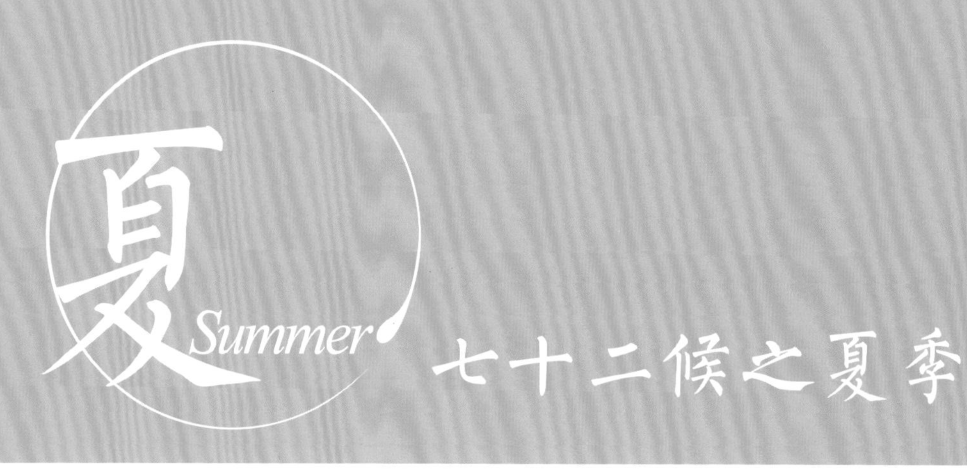

立夏　小满　芒种　夏至　小暑　大暑

小暑三候

一候

151

小暑一候：温风至

小暑二候：蟋蟀居壁

小暑三候：鹰始挚

大暑三候

大暑一候：腐草为萤

大暑二候：土润溽暑

大暑三候：大雨时行

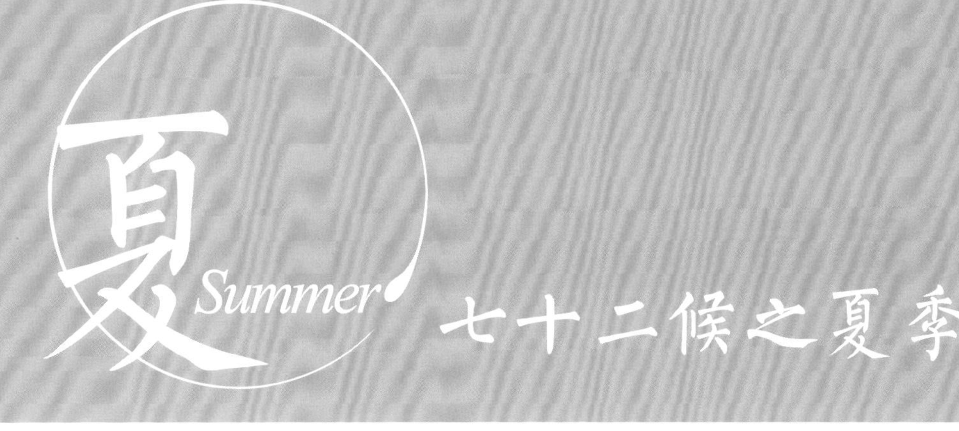

立夏　小满　芒种　夏至　小暑　大暑

夏

夏，

夏为长赢。夏之气和则赤而光明。

上句出自《尔雅·释天》，概括夏季气与象的属性；下句出自[宋]邢昺《尔雅注疏》，刻画夏季气与象的常态。

立夏三候

立夏书法

立夏，四月节。夏，大也，物至此而假大也。

一候蝼蝈鸣。蝼蝈，名䶂鼠。阴气始，故蝼蝈应之。二候蚯蚓出。蚯蚓，阴类。出者，承阳而见也。三候王瓜生。王瓜，土瓜也。

立夏一候：蝼蝈鸣

立夏一候：蝼蝈鸣（Mole crickets chirp）

到底什么是蝼蝈，历来众说纷纭。有说是蝼蛄，有说是青蛙，也有说是蝼蛄和蝈蝈，还有说是蝼蛄和青蛙。此外，蝼蝈还有臭虫、土狗、石鼠等说法。

宋代以前的学者主要持蝼蝈为青蛙说和蝼为蝼蛄、蝈为青蛙说。

[汉]郑玄坚定地认为“蝼蝈”是青蛙，其在对《礼记》的注释中说：“**蝼蝈，蛙也。**”

但更多的学者认为“蝼蝈”是蝼蛄和青蛙的合称。

[汉]蔡邕《月令章句》说：“**蝼，蝼蛄；蝈，蛙也。**”

[宋]张虙《月令解》说：“**蝼，蝼蛄也，能鸣。蝈，蛙也。**”

[元]吴澄《月令七十二候集解》说：“**蝼蝈，小虫，生穴土中，好夜出，今人谓之土狗是也；一名蝼蛄，一名石鼠，一名螜，各地方言之不同也。**”

这一则物候标识，始终是物候考据者的“兵家必争之地”，大家为此引经据典、费尽笔墨，甚至带着浓重的火药味儿去驳斥与之意见相左的其他学者。

如果在节气萌芽的时代，有图示就好了。就像宋代学者郑樵说的，“古之学者，左图右史”，大家可以“索象于图，索理于书”。

关于立夏一候“蝼蝈鸣”这项历久弥新的争议也说明：一个始终没有形成共识的节气物语，是难以承担物候范畴的标识作用的。物候标识的价值，在于应用，而非考据。

故宫博物院藏的传为[南宋]夏圭《月令图》立夏一候·蝼蝈鸣的图释文字：“蝼蝈非一物也，盖有二：蝼，虫名；蝈，蛙名。二物显然矣。蔡氏云：蝼，蝼蛄也；蝈，虾蟆也，即今取食蛙也。是月阴气始动于下，故应候而鸣也。”

[明]李泰《四时气候集解》比较全面地罗列了各方观点，有蛙、蟪蛄（知了）、杜狗（蝼蛄）、臭虫等版本，并提示：**“礼注及岁时百问直指以为蛙者，恐无所据。”**

蝼蝈鸣，很可能出自中国最早物候典籍《夏小正》中的“（三月）榖（hú）则鸣”。

蝼蛄，俗称土狗、蝲蝲蛄，通常是在孟夏初鸣。

童谣《诱蝼蝈》唱道：**“蝼蝈蝼蝈吃青草，骑着白马往外跑。”**

蝼蝈是一种小红虫。孩子把一根青草嫩茎伸进洞里，蝼蝈便下意识地叼住。孩子往后一提，蝼蝈便跟着出来了。这首童谣是孩子手拿草茎时唱着的。

从小就常听这句谚语：“听蝲蝲蛄叫，还不种地了？”意思是，蝼蛄可能会伤及幼苗，但还是要按照时令播种。立夏一候蝼蝈鸣，其隐含之意，是播种之后需警惕田间害虫。

很多人希望将“蝼蝈鸣”中的蝼蝈释为青蛙，心情是可以理解的。日本在17世纪修订七十二候时，也是将立夏一候“蝼蝈鸣”改为立夏一候“蛙始鸣”。

在古人眼中，青蛙是极具预测灵性的小动物，人们将蛙鸣称为“田鸡报”。在感知天气变化之后，它是用“唱歌”的方式来进行“报道”。人们根据青蛙午前叫还是午后叫，叫声是急促还是舒缓、清亮还是沉闷、齐叫还是乱叫，归纳出众多的天气谚语，似乎青蛙既能预报天气范畴的晴雨，也能预报气候范畴的旱涝，属于全能型的“预报员”，节气的物候标识物中理应有其一席之地。

在很多国家，人们也都非常推崇青蛙的预报天赋。

在古希腊时代（最早见于公元前278年），青蛙便有了“天气预报员”（Weather Prophet）的称谓。英语中有青蛙预报员（Frogcaster）的说法，德语中有天气蛙（der Wetterfrosch）的说法。在一些国家，用来代表天气预报节目主持人的标志图案，就是一只青蛙。所以从事气象预测的人常将青蛙引以为“同行”。如果我在餐馆里看到有人点了干锅田鸡，会恍惚地觉得，那不是一锅气象台台长吗!

青蛙初鸣通常是在阳春，所谓“三月田鸡报”。

在众多类似的咏蛙诗中，人们都是将青蛙初鸣作为春之声。

当然，人们也乐于这样理解：阳春之时蛙初鸣，孟夏之时蛙盛鸣。立夏，是青蛙预报员开始播报的时节。

《咏蛙》

[明]张璁

独蹲池边似虎形，

绿杨树下养精神。

春来吾不先开口，

那个虫儿敢作声。

《幽居初夏》

[宋]陆游

湖山胜处放翁家，

槐柳阴中野径斜。

水满有时观下鹭，

草深无处不鸣蛙。

立夏二候：蚯蚓出

立夏二候，“蚯蚓，阴类。出者，承阳而见也”。蚯蚓懒洋洋、慢悠悠地出现在人们的视野之中。

按照《礼记·月令》的说法，仲春时节，“蛰虫咸动，启户始出”。

那蚯蚓为什么特立独行地这么晚才结束冬眠状态呢？

古人的解释是：“二月蛰虫已出，蚯蚓得阴气之多者，故至是始出。”[宋]鲍云龙《天原发微》的说法是：“蚯蚓阴物，感正阳之气而出。”

在古人看来，蚯蚓感阴气而屈，感阳气而伸。因为深居地下，感受到的阴气比其他蛰虫更多，要到阳气几乎最盛的孟夏正阳之月才出来，所以最晚结束冬眠。

立夏二候：蚯蚓出（Earthworms crawl out from the ground）

而且古人认为，蚯蚓还是一位地下的“歌女”。[晋]崔豹《古今注》说：“蚯蚓……擅长吟于地中，江东谓之歌女。”就连[晋]葛洪都在《抱朴子》中称奇道：“蚓无口而扬声。”

在古人看来，蚯蚓能鸣唱，且是在出地之前鸣唱。例如[汉]高诱在对《吕氏春秋》的注释中写道：“是月阴气动于下，故阴类鸣，蚯蚓、虾蟆从土中出。”例如[宋]张虙《月令解》写道：“蚯蚓亦能鸣，谓之歌女，此时始出地未鸣也。”

但古人所说的蚯蚓“唱歌”，只是美丽的误会。因为很多土栖的擅长“唱歌”的昆虫与蚯蚓的洞穴为邻，或者“借用”蚯蚓的洞穴，使人误以为蚯蚓也会“唱歌”。

蚯蚓虽小，既无爪牙之利，亦无筋骨之强，却有着翻土机、肥料厂、蓄水池的三重功能。它使田地的土质更疏松，更有利于蓄积雨水，也更有利于微生物活动进而蓄积肥力。

蚯蚓被列为物候标识，可见人们并非“以貌取物”。

立夏三候：王瓜生

王瓜究竟是什么，古人并无定论。

[汉]郑玄在对《礼记》的注释中说：“王瓜，萆挈也。”“萆挈”这个称谓今人更为生疏。

[宋]邢昺在对《尔雅》的注释中说：“菟瓜一名黄，苗及实似土瓜。土瓜者，即王瓜也。《月令》王瓜生是也。”

[明]徐光启《农政全书》认为王瓜是黄瓜：“王瓜非甘瓜也，当作黄瓜。”

[明]李时珍《本草纲目》却否定王瓜为黄瓜，而认同王瓜为土瓜的说法：“杜宝《拾遗录》云‘隋大业四年避讳改胡瓜为黄瓜’……今俗以月令王瓜生即此，误矣。王瓜，土瓜也。”

[宋]张虙《月令解》认为王瓜是泛指：“王瓜，大瓜也。种最多，有大有小。此言其生谓大种也。”

所以我们在进行英译的过程中，采用Vine（藤蔓）来体现这种泛指。

立夏三候：王瓜生（Vine flourishes）

2022北京冬奥会开幕式二十四节气倒计时之立夏节气组图，
配文为[明]高濂《遵生八笺》中的“天地始交，万物并秀”

立夏、小满交替时节的代表性物候，用宋代梅尧臣的说法，是“王瓜未赤方牵蔓，李子才青已近樽”。古人普遍认为王瓜色赤，其色契合春青夏赤的五行理念。

[汉]高诱在对《淮南子》的注释中说：“**王瓜色赤，感火之色而生。**”

[宋]卫湜在《礼记集说》中说：“**王瓜，南方之果也，而其色赤。**”

这项物候虽言王瓜，但意在藤蔓类植物。它标志着春生夏长，由花花草草，到枝枝蔓蔓；从初春时的绿痕，到初夏时的绿荫；由独立型植物的生长，到攀附型植物的生长。

王瓜极常见，生长在“平野田宅及墙垣”，属于亲民型的物候标识。而且古人认为王瓜具有“止热燥”的功效。在“阳胜而热”的初夏时节，乃上苍所赐的清热之物。

人们往往习惯性地将不知名或不漂亮的草称为杂草，但“野百合也有春天”，每一种“杂草”都拥有自己的“生物气候”。

七十二候作为中国古代物候历，其伟大之处，便在于观察和集成生物的时令智慧，使生物灵性成为我们刻画时间的“生物钟”。而在这一过程中，不嫌弃“杂草”，英雄不问出处。

七十二候中，有野草、小虫，而无梅花、牡丹。可见物候标识的“选秀”，终极标准并不是生物“颜值”。

古人眼中，寒暑更迭背后的动力学是初夏时天之气与地之气有了亲密的“互动”，于是才有了万物勃发。

小满三候

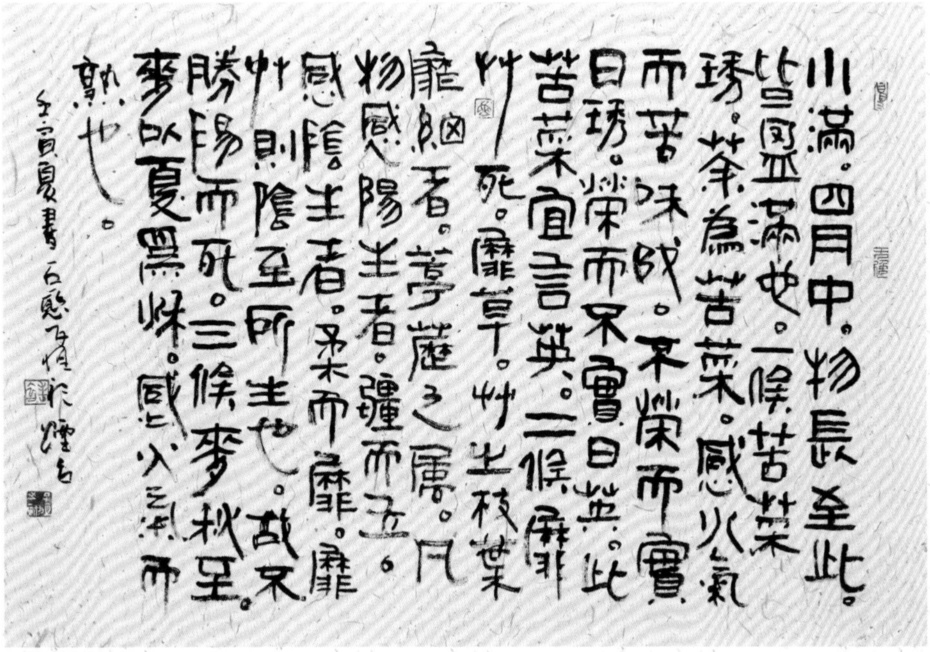

小满书法

小满，四月中。物长至此，皆盈满也。

一候苦菜秀。荼为苦菜，感火气而苦味成。不荣而实曰秀，荣而不实曰英。此苦菜宜言英。二候靡草死。靡草，草之枝叶靡细者，葶苈之属。凡物感阳生者，强而立。感阴生者，柔而靡。靡草则阴至所生也，故不胜阳而死。三候麦秋至。麦以夏为秋，感火气而熟也。

小满一候：苦菜秀

苦菜，可能是中国人最早开始食用的野菜之一。《诗经》中便有“采苦采苦，首阳之下”的文字。

当然，所谓苦菜，包括了很多种味苦的野菜，例如成语“如火如荼”中的荼，其本意也是一种苦菜。中国最早的物候典籍《夏小正》中已有夏历四月“取荼”之说。

《诗经》云：**“谁谓荼苦？其甘如荠。”**

谁说苦菜真的特别苦？咀嚼之后回甘有如荠菜。

《诗经》云：**“南山有台，北山有莱。”**

台，同“薹”，莎草，可制蓑衣。莱，藜（lí）草，可食其嫩叶。

对人们来说，山上的草，是可以为衣、可以为食的温饱基础。

小满一候：苦菜秀（Sow-thistle begins blooming）

[明]王象晋《群芳谱》说："荼为苦菜，感火气而苦味成。不荣而实曰秀，荣而不实曰英。此苦菜宜言英。严谨而言，应当称为'苦菜英'。"

明代《本草纲目》说："苦菜，一名游冬，经历冬春，故名。"

宋代《图经本草》说："苦菜，春花、夏实。至秋，复生花而不实，经冬不凋也。"

在古人看来，初夏的野菜为什么味苦？与夏火有关。

[汉]高诱在对《淮南子》的注释中说："苦菜味苦，感火之味而成。不荣而实曰秀。"

[宋]卫湜《礼记集说》说："苦菜，南方之菜也，故其味苦。一则感火之色而生，一则化火之味而秀。"

为什么人们在初夏时节格外关注苦菜？因为青黄不接。

成语"青黄不接"的本意，就是指五月，此时"旧谷既没，新谷未登"。农耕时代，这是人们心里最忐忑的时候。幸亏，有春季草木的嫩芽、绿叶，力所能及地调剂或填补一下餐桌上的短缺。

初夏时节，苦菜繁茂。谚语说："春风吹，苦菜长，荒滩野地是粮仓。"

那人们为什么在意"苦菜秀"呢？因为苦菜开花之前，还很鲜嫩；开花之后就老化了，口感就差了。因此，小满节气是野菜口感的分水岭。

苦菜虽然苦，但咀嚼之后会有一丝回甘。从前，人们一般是将苦菜用水烫过，冷淘凉拌，佐以盐、醋、辣油或者蒜泥，嫩香清爽。当然，也可以做馅、做汤，任由喜好。

旧日里，青黄不接之际要靠野菜、野果填饱肚子，所以人们对春天先发出芽、长出叶、结出果的植物，都有一种格外的关注，也有一份特别的谢意。

现在虽然不需要再以苦菜充饥，但苦菜还是经常以"绿色有机食物"的身份出现在我们的餐桌之上。

在"不时不食"的南方，初夏开始品尝时新。

立夏，进入蔬果鲜美的时节，不再是"正月二月三月间，荠菜可以当灵丹"了。立夏物候，便是由赏花到品果的变化。而且地里长的、树上结的、水中游的，都可以是立夏时节的时新。

江南食材更丰富，食俗也就更丰富。所谓"立夏见三新"，是樱桃、青梅、鲥鱼。

即使“在那遥远的地方”，人们也将樱桃作为初夏的时鲜。

新疆民歌《掀起你的盖头来》（节选）：

掀起你的盖头来，让我来看看你的嘴。

你的嘴儿红又小呀，好像那五月的红樱桃。

江南的立夏三新，还细分为地里三新、树上三新、水中三新。而且还有立夏品尝八鲜、九荤、十三素，以及三烧、五腊、九时新的各种讲究。

地里三新：苋菜、蚕虫、燕笋。

树上三新：樱桃、梅子、香椿。

水中三新：螺蛳、刀鱼、白虾。

八鲜：樱桃、笋、新茶、新麦、蚕虫、扬花萝卜、鲥鱼、黄鱼。

九荤：鲥鱼、鲚鱼、咸鸭蛋、螺蛳、叫化鸡、腌鲜、卤虾、鲳鱼、鳊鱼。

十三素：樱桃、梅子、麦蚕（把新麦揉成细条蒸熟）、笋、蚕豆、茅针、豌豆、黄瓜、莴笋、萝卜、玫瑰、松花、苜蓿。

三烧：烧饼、烧鹅、烧酒。

五腊：黄鱼、腊肉、咸鸭蛋、螺蛳、清明狗（清明日购买狗肉，悬挂庭上风干，立夏日取下食用）。

九时新：樱桃、梅子、鲥鱼、蚕豆、苋菜、黄豆笋、玫瑰花、乌饭糕、莴苣笋。

小满二候：靡草死

小满二候：靡草死（Slender grass withers）

什么是靡草?

[汉]高诱在对《淮南子》的注释中说："靡草，草之枝叶靡细者。"

哪些是典型的靡草呢?

[汉]郑玄在对《礼记》的注释中说："旧说云靡草，荠、葶苈之属。"

靡草，是那种细长的、柔软的草，所以不是指一种草，而是指一类草。到了初夏时节，喜阴的柔嫩细长的草类受不了风吹雨淋，更是受不了暴晒，会陆续枯死。

[宋]张虙《月令解》："诗小雅，无草不死，无水不萎。注：盛夏养万物之时，草木枝叶犹有萎槁者，此正。靡草之类，非专一物。俗谚有夏枯草。"

《月令解》中提及《诗经·谷风》中的“无草不死，无木不萎”，在万物可以纵情生长的夏季，却有草木因狂风和烈日枯萎，而且并非一物，而是一类，所以有“夏枯草”之说。

古人将草分为两类：喜阴的草，喜阳的草。

[唐]孔颖达《礼记正义》中写道：“**以四时春生夏长，物之盛莫过夏时，故云虽盛夏万物茂壮也。以其天时不齐，不能无死者，故《月令》仲夏靡草死，故曰死生分。是草木无能不有枝叶萎槁者。**”

夏季虽是万物繁盛的季节，但也是“死生分”的季节，并非普惠所有草木，正如明代刘基的《天说》所言：“靡草得寒而生，见暑而死”。以南北朝时期沈约“靡草既凋，温风以至”的说法，“靡草死”提示我们温风暑热即将来临。

清代《钦定授时通考》载：“**凡物感阳生者，强而立。感阴生者，柔而靡。靡草则阴至所生也，故不胜阳而死。**”

喜阴的草，细嫩、柔弱；喜阳的草，刚直、坚韧，正所谓“疾风知劲草”。在古人看来，小满时节的阴阳消长，造就了草类盛衰的轮替。

小满三候：麦秋至

小满三候：麦秋至（Wheat approaches ripening）

【《诗经》中的麦熟】

《诗经》云：“**爰采麦矣？沬之北矣。**”

到哪儿去采麦穗？到卫国的沬乡之北。爰（yuán），在哪里。沬（mèi），春秋时期卫国邑名，即牧野。

《诗经》：“**我行其野，芃芃其麦。**”

我悠闲地在乡间行走，看着繁茂的麦子。芃（péng），繁茂。

[清]姚配中《周易通论月令》说：“**卦气成乾，又五日麦秋至。麦芒，谷也。时句芒之气尽，巽互兑为秋，荐之，告春气之已毕，而夏气至也。卦气由乾而成大有。**”

在古人眼中，麦熟意味着春气之终结。本是西风仲秋之时收获，麦子让人体验到东南风孟夏时就可以有收获的喜悦。

起初小满三候是“小暑至”，说的是炎热天气开始小试身手。

在《吕氏春秋》和《礼记》中，“小暑至”本是仲夏物候。但在最初创立七十二候的《逸周书·时训解》中，小满三候定为“小暑至”，一直沿袭至《宋史》。自《金史》起，才以“麦秋至”替代“小暑至”。

由小满三候“小暑至”改为小满三候“麦秋至”，可能出于两方面的考量：

一是为了避免初夏的小暑至和盛夏的小暑节气形成混淆。二是希望大家更关注即将成熟的小麦，毕竟“麦熟半年粮”。

什么是“麦秋”？

[汉]蔡邕《月令章句》说：“**百谷各以初生为春，熟为秋，故麦以孟夏为秋。**”

[元]陈澔《礼记集说》说：“**秋者，百草成熟之期。此于时虽夏，于麦则秋。**”

[元]吴澄《月令七十二候集解》说：“**此于时虽夏，于麦则秋，故云麦秋也。**”

[清]孙希旦《礼记集解》说：“**凡物生于春，长于夏，成于秋。而麦独成于夏，故言麦秋，以于麦为秋也。**”

人们的解读很相近。按照春生、夏长、秋收、冬藏的理念，虽然这时候对我们来说是夏天，但对于即将成熟的麦子来说，已经是它们的秋天了。

[宋]张虙《月令解》则说：“**麦之言秋。盖万物成熟为秋。麦至是熟，故曰麦秋。上已登麦矣。今复言麦秋至者，盖登麦。农以新为献耳。如今农夫献新，论麦秋则今始至也。**”

麦秋至，是麦熟之时，也是古代农民荐新之时，祭献新谷。

小满的3个物候标识，各有各的季节：小满一候苦菜秀，这是苦菜的夏天；二候靡草死，这是靡草的冬天；三候麦秋至，这是麦子的秋天。似乎，大家各过各的季节，互不相扰。

小满时节，既然我们的主粮麦子已经到了它的秋天，麦收进入倒计时，这个时候人们也就格外在意天气，最担心所谓“天收”，快到手的麦子被老天爷给没收了。

那么小满时节麦子最怕什么天气呢?

当然最怕冰雹，噼里啪啦一阵乱砸，把麦子砸倒了、砸烂了，最让人心疼。但冰雹的发生概率稍微低一些，小满时节尚未进入强对流天气的高发期。此时更有可能对正处在灌浆乳熟时期的麦子造成严重摧残的，是干热风。

干热风，顾名思义，就是又干又热的风。

怎么来界定干热风呢?

“三个三”：即气温高于30℃，相对湿度低于30%，风速大于3米/秒。

小满赶天，芒种赶刻，“时雨及芒种，四野皆插秧。家家麦饭美，处处菱歌长。”这首诗生动地诠释了夏收与夏种的快速切换以及麦收后人们的自我犒赏与欢愉。

2022北京冬奥会开幕式二十四节气倒计时之芒种节气组图，
配文为[宋]陆游《时雨》中的“家家麦饭美，处处菱歌长”

芒种三候

芒种书法

芒种，五月节。言有芒之谷可播种也。

一候螳螂生。螳螂饮风食露，感一阴之气而生，至此时破壳而出。二候鵙始鸣。鵙，百劳也，恶声之鸟，枭类也，不能翱翔直飞而已。三候反舌无声。诸书谓反舌为百舌鸟，能反复其舌，感阳而鸣，遇微阴而无声也。

芒种一候：螳螂生

螳螂，最醒目的特征是前肢形如刀，但并无刀锋，却有坚硬的锯齿，所以也被称为“刀螂”。

[明]李时珍《本草纲目》说：“**螂，两臂如斧，当辙不避，故得当郎之名，俗呼为刀螂。**”

螳螂虽有很多别名，按照《礼记注疏》所载，螳螂乃“三河之域”的称谓，但各地都将螳螂卵称为“螵蛸（piāo xiāo）”。

[汉]扬雄《方言》中有载：“**螳螂俗呼石螂，逢树便产，以桑上者为好，是兼得桑皮之津气也。**”中药“桑螵蛸”便是螳螂卵鞘。

螳螂秋卵而夏虫。古人认为，芒种时节螳螂感阴气初生，于是破壳而出。

芒种一候：螳螂生（Mantises hatch）

在节气起源地区，芒种正是干热暴晒的时段，乃所谓“亢阳”之时，其后才有“夏至一阴生”，螳螂却能“感一阴之气而生”，这本是古人常用来形容鸟类的“得气之先”的生物灵性。

螳螂是自然界的“拟态专家”，有绿、黄、棕、灰、粉等色，可以貌如花，可以形如竹，可以翠如夏草，可以枯如秋叶。绿色的螳螂，与仲夏时的草色浑然一体。

螳螂虽被称为“饮风食露”之虫，但其“食谱”并不寡淡，是以蚊蝇、蝶蛾为餐。

说起螳螂，自然会令人想到“螳螂捕蝉，黄雀在后”。“蝉高居悲鸣，饮露，不知螳螂在其后也”，这是仲秋时节的物候情节。

但现实中螳螂很少捕蝉，黄雀更是很少捕螳螂。“螳螂捕蝉，黄雀在后”只是寓言故事里的情节而已。

《搭凉棚》(江苏民歌)：

春季里螳螂叫船，游春仔个舫哎，

伊发喽喽来，喽喽自在发来，伊发喽喽来。

蜻蜓个摇橹，蚱蜢把船撑啊。

啊哈啊一品堂。

迎新春螳螂搭凉啊棚啊，越搭嘛越风凉。

这首江苏民歌《搭凉棚》中，描述了螳螂叫船，蜻蜓摇橹，蚱蜢撑船，以及螳螂搭凉棚取风凉的情景。迎春之时，人们畅想着仲夏时节热闹的昆虫故事。

芒种二候：䴗始鸣

䴗，即伯劳鸟，也常被称为博劳、伯赵。《诗经 · 七月》“七月鸣䴗，八月载绩”中的䴗。周之七月，乃夏之仲夏五月。

在不同的地方，伯劳鸟的初鸣时间有所差异。

[汉]郑玄在《毛诗传笺》中写道：“伯劳鸣，将寒之候也。五月则鸣，豳地晚寒，鸟物之候从其气焉。”

《易纬通卦验》说：“（伯劳鸟）夏至应阴而鸣，冬至而止。”

“啼䴗千山暮，一年春事休”，伯劳鸟的啼叫，被视为阳气蓬勃生发的春季的结束。

“春尽杂英歇，夏初芳草深”，䴗鸣之时，花事渐远。

说起䴗，人们或许陌生，但它一直“生活”在我们非常熟悉的一则成语之中，这就是“劳燕分飞”。劳指伯劳鸟，燕指燕子。这个成语出自古乐府《东飞伯劳歌》“东飞伯劳西飞燕”，比喻分离，多指夫妇的分离。

芒种二候：䴗始鸣（Shrikes begin tweeting）

[宋]佚名《离枝伯赵图》（局部），即荔枝与伯劳
（台北故宫博物院藏）

虽然伯劳鸟现身于缠绵惜别的人文情境之中，但实际上它是一种袖珍猛禽。它被称为“恶声之鸟”，被视为不翱翔的枭类。

[汉]高诱在对《吕氏春秋》的注释中说：“䴗，伯劳也。是月阴作于下，阳发于上。伯劳夏至后因阴而杀蛇磔之于棘而鸣于上。传曰伯赵氏司至者也。”

能杀蛇于木，我们真不敢小觑“劳燕分飞”中的“劳”！

古人认为伯劳鸟喜阴，芒种、夏至时节感阴而鸣。在所谓阴气渐盛的时节，喜阴之鸟便愈显凛凛杀气。古人说：“伯劳鸣，将寒之候。”尚未盛夏，人们已经开始捕捉关于“将寒”的蛛丝马迹了。

“䴗始鸣”这项物候，或许只是夏日鸟声的代言性标识。一天之中最经典的夏声，是值早班的鸟声喳喳、值白班的蝉声唧唧、值晚班的蛙声呱呱，以及值夜班的蚊声嗡嗡。

芒种三候：反舌无声

芒种三候：反舌无声（Mockingbirds fall silent）

[唐]张籍《徐州试反舌无声》提出疑惑：“**夏木多好鸟，偏知反舌名。**”

夏天有那么多歌唱家般的鸣禽，为什么人们偏偏在意无声的反舌鸟呢？

节气歌谣有云：“小满鸟来全。”夏季本是百鸟争鸣的时节，但七十二候中夏季的鸟类物语却最少，皆在芒种。分别是芒种二候鵙始鸣、芒种三候反舌无声。

春秋的鸟类物语多，聚焦的是候鸟之来去；冬季万物凋敝，物候线索极其有限，人们只好聚焦留鸟之生息。而长养万物的夏季，虫兽草木皆可为物候标识，所以夏季的鸟类物语便显得少了。

但在古人眼中，伯劳鸟和反舌鸟是善鸣之鸟中的两类典型代表，伯劳鸟因阴气微生而啼叫，反舌鸟因阴气微生而收声。在古人的意念之中，芒种的3项物语，都是阴气始萌的预兆。

[汉]高诱在对《吕氏春秋》的注释中写道：“反舌，伯舌也。能辨反其舌，变易其声，效百鸟之鸣，故谓百舌。承上微阴，伯赵起于下后，应阴故无声。”

反舌鸟什么时间歌唱，什么时间沉默，[唐]孔颖达的说法是：“反舌鸟，春始鸣，至五月稍止。其声数转，故名反舌。”

宋代《太平御览》载：“百舌鸟，一名反舌。春则啭，夏至则止。唯食蚯蚓，正月以后冻开则来，蚯蚓出，故也。十月以后则藏，蚯蚓蛰，故也。”似乎蚯蚓的启闭，决定了反舌鸟的去留。

在人们看来，反舌鸟是天赋异禀的口技大师，鸣声婉转，音韵多变，可惟妙惟肖地模仿众多禽鸟的鸟语，所以也称“百舌鸟”。

但反舌鸟模仿百鸟的口技却主要在春季“炫技”，所以[唐]杜甫诗云：“百舌来何处，重重只报春。”到了芒种时节，“口技大师”却蹊跷地变得沉默寡言。反舌无声，让人顿感林间肃静了许多，也让人若有所失。

咏百舌

[宋]文同

众禽乘春喉吻生，满林无限啼新晴。

就中百舌最无谓，满口学尽众鸟声。

反舌

[宋]李光

喧喧木杪弄新晴，羁枕惊回梦不成。

任是舌端能百啭，园林春尽寂无声。

夏至三候

夏至书法

夏至，五月中。万物至此皆假大而极至也。

一候鹿角解。夏至一阴生。鹿感阴气故角解。二候蜩始鸣。庄子谓蟪蛄，夏蝉也。语曰蟪蛄鸣朝。三候半夏生。半夏，药名，居夏之半而生。

夏至一候：鹿角解

古人认为，鹿为山兽，属阳，“夏至一阴生”，因为感知并呼应阴气之萌生而鹿角脱落。

[宋]卫湜《礼记集说》载：“鹿好群而相比，则阳类也。故夏至感阴生而角解。”

[元]吴澄《月令七十二候集解》载：“鹿，形小，山兽也，属阳，角支向前，与黄牛一同。麋，形大，泽兽也，属阴，角支向后，与水牛一同。夏至一阴生，感阴气而鹿角解，解角退落也。”

古人极其重视处于阴阳流转拐点的夏至一候和冬至一候，以身心宁静的方式度过这微妙的5天一候。

[汉]蔡邕《独断》有云：“冬至阳气始动，夏至阴气始起，麋、鹿解角，故寝兵鼓，身欲宁，志欲静，不听事，送迎五日。”

在北美，7月的满月，称为Deer Moon（鹿月）或Buck Moon（雄鹿月），意即鹿长新角的时节。仿佛是夏至鹿角解的“后续报道”。可见，人们描述物候的心仪标识物往往是暗合的。

夏至一候：鹿角解（Antlers shed）

在古人眼中，鹿角是美的化身，丽的繁体字为“麗”，这是对鹿角抽象化的美学表达。

山麓的“麓”是鹿的栖息之地，它们纵情于山水之间，因鹿奔跑而有“塵”（尘之繁体），因鹿蹚水而有“漉”。

上古时期，节气起源的黄河中下游地区鹿随处可见，人们鼓瑟吹笙的欢宴都以“呦呦鹿鸣，食野之苹”起兴。所以“鹿角解”才能作为盛夏开始的物候标识。

欢庆的庆，繁体字“慶”，原指以敬献鹿皮略表寸心。“冬日鹿裘，夏日葛衣”是朴素衣着的代名词。形容怦然心动，是“心头撞鹿”；形容怡然自得，是“标枝野鹿”。

由“麗”到丽，鹿已不再，这不只是文字的简化。

夏至二候：蝉始鸣

夏至二候：蝉始鸣（Cicadas begin chirping）

虽然说是“蝉始鸣”，但古人知晓蝉鸣与鸟鸣的原理是不一样的，蝉是“无口而鸣”。汉代高诱在对《淮南子》的注释中说：“蝉鼓翼始鸣也。”蝉鸣是蝉振翅而发出的声音。

在古人眼中，蝉乃是一种灵物，有潜藏，有蜕变，有欢歌，有悲鸣。自土而出，归土而去，只把短暂而亢奋的鸣唱留给世界。

蝉的家族种类甚众，有数千种之多；古籍中的别称甚繁，有数十种之多。

人们以蝉鸣为夏声，“蝉乃最著之夏虫，闻其声即知为夏矣”。人们甚至认为“假蝉为夏”，意思是“夏”字即为蝉形。古人似乎有一种崇蝉情结。

夏至一候有“蝉始鸣”和“蜩始鸣”两个版本。

《吕氏春秋》《礼记》《淮南子》《隋书》等为“蝉始鸣”，《逸周书》《宋史》《元史》等为“蜩始鸣”。《夏小正》为“螗蜩鸣”或“良蜩鸣。”

那么，蝉和蜩有什么区别呢?

其实它们本为一物，只是先秦时期各地的称谓不同。

[唐]孔颖达在对《礼记》的注释中写道：“**蜩、螂蜩、螗蜩，舍人云：皆蝉。《方言》曰：楚谓蝉为蜩；宋卫谓之螗蜩；陈郑谓之螂蜩；秦晋谓之蝉。是蜩蝉一物，方俗异名耳。**”

当然，蜩可特指夏蝉，也被称为蟪蛄，所以庄子有“蟪蛄不知春秋”之语。《风土记》中还有“蟪蛄鸣朝，寒螀鸣夕”之说。

古人又将“大而色黑者”的蚱蝉称为蜩，《诗经》中便有“四月秀葽，五月鸣蜩”之说；而将“小而色青赤者”的寒蝉称为螗。

人们以蚱蝉鸣夏，寒蝉鸣秋；以蚱蝉鸣朝，寒蝉鸣夕，但实际上蝉家族并没有如此严谨的时节分工。

夏至“蝉始鸣”，虽然夏至节气物语只列举了蝉鸣，但盛夏时节“扰民”的声音远不止于此。

对于人们来说，春天的燕语莺啼是悦耳的，但夏季的很多声音却是令人怨念丛生的烦恼。

河洛民歌《五更调》（节选）这样唱道：

一更一点正好眠，忽听蚊虫闹哩喧，嗡，嗡，嗡，嗡。

二更二点正好眠，忽听促织闹哩喧，吱，吱，吱，吱。

三更三点正好眠，忽听蛤蟆闹哩喧，呱，呱，呱，呱。

四更四点正好眠，忽听斑鸠闹哩喧，咕，咕，咕，咕。

五更五点正好眠，忽听更鸡闹哩喧，咯，咯，咯，咯。

《诗经》中则有："如螗如蜩，如沸如羹。"

按照[汉]郑玄《毛诗传笺》中的解读："饮酒号呼之声，如蜩螗之鸣，其笑语沓沓，又如汤之沸，羹之方熟。"成语"蜩螗沸羹"，便是以群蝉鸣叫、羹汤沸腾比喻环境喧闹。

蝉并无预告时令的天赋，只是感夏热而鸣。气温超过20℃始有零星的"独唱"，超过25℃始有多声部的"合唱"。以分贝数值衡量，蝉鸣多为扰民性质的噪音。

一天之中的蝉鸣通常是"接力赛"，不同时段有不同种类的蝉担任"主力"，例如中午是蚱蝉，晚上是寒蝉。

生物的鸣音，是这个世界活力与动感的一部分。而蝉鸣，是最经典的"夏声"。

节气物候体系中，"鸣"的很多，如惊蛰二候仓庚鸣、谷雨二候鸣鸠拂其羽、立夏一候蝼蝈鸣、芒种二候鵙始鸣、夏至二候蝉始鸣、立秋三候寒蝉鸣；但"不鸣"的却很少，如芒种三候反舌无声、大雪一候鹖鴠不鸣。

很多物候现象，人们的兴趣往往盎然于其始，漠然于其终。对于苦夏的人们而言，蝉不鸣了，才是真正的寂静欢喜。但谁能注意到从哪一天开始蝉噪止息了呢？

人们在鸟语喧杂、蝉声聒噪的夏天，可修得"蝉噪林逾静，鸟鸣山更幽"之感，实为一种玄美的禅境。

夏至三候：半夏生

夏至三候：半夏生（Crow-dipper begins growing）

[汉]高诱在对《淮南子》的注释中说：**“半夏，草药也。”**

[宋]卫湜《礼记集说》载：**“半夏生者，盖居夏之半，而是药生于是时，故因以为名。”**

半夏，汉代便已为“药草”，以块茎为药，性味辛温。因为生于农历五月，时值“夏之半”，所以叫作半夏。

但“半夏生”的所谓“生”，是指幼苗生而可见，还是指块茎生而可采，却存在争议。

例如[唐]颜师古《急就篇注》认为：**“半夏，五月苗始生，居夏之半，故为名也。”**

但半夏的物候期并非如此。[明]李时珍《本草纲目》中对半夏的描述是：**“生微丘或生野中，二月有始生叶……”**

大体上，半夏是仲春二月生苗，然后仲夏五月可以采块茎，但仲秋八月是最佳采收期。

宋代《图经本草》载：“**二月生苗，一茎……五月、八月内采根。**”

宋代《图经衍义本草》载：**半夏……槐里川谷五月八月采根暴乾。**

明代《群芳谱》载：**半夏圆白为胜，五月采则虚小，八月采乃实大，陈久更佳。**

半夏在生长过程中，通常会有两次“倒苗”，即枝叶的枯萎。这是植物在“丢卒保车”，以保证块茎的生长。“倒苗”一次是在仲夏时节，因烈日而枯萎；一次是在仲秋时节，因寒凉而枯萎。而人们采收块茎正是在半夏的两次“倒苗”之间。

半夏既以块茎为药，人们自然关注的是它的块茎，所以“半夏生”意指其块茎在夏至时节生而可采，更符合物候特征和逻辑。但按照“春秋挖根夏采草，浆果初熟花含苞”的采摘理念，夏虽可采，秋则最佳。

当然，夏至三候半夏生这项物候标识，也是在借用“半夏”之名，提示人们：夏天已经过去一半了！

夏天过去一半的夏至时节，耕耘正忙；秋天过去一半的秋分时节，收获在望。

福建漳州田螺坑土楼的夏（左图，摄于2023年6月26日，夏至时节）和秋（右图，摄于2020年9月24日，秋分时节；摄影：冯木波）

小暑三候

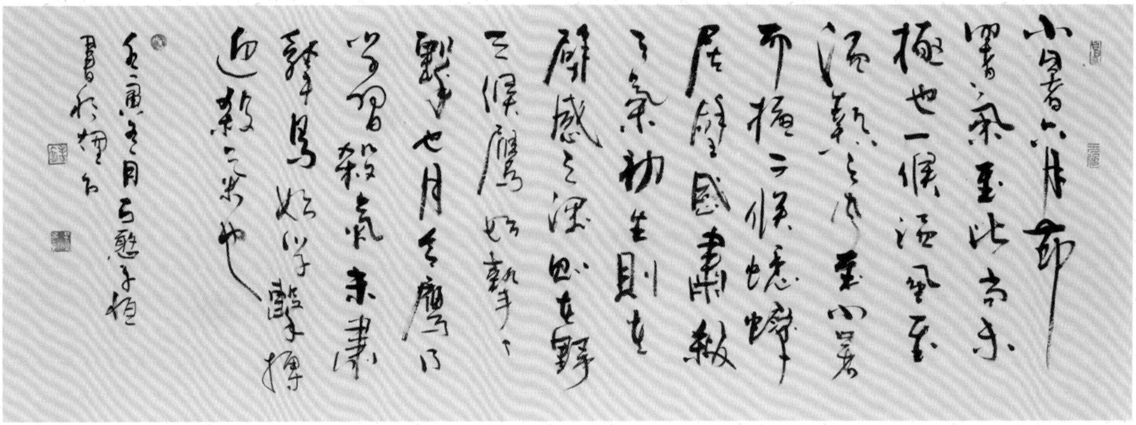

小暑书法

小暑六月节，暑气至此尚未极也。

一候温风至。温热之风至小暑而极。二候蟋蟀居壁。感肃杀之气，初生则在壁，感之深则在野。三候鹰始挚。挚，击也。《月令》鹰乃学习，杀气未肃。挚鸟始学击搏，迎杀气也。

小暑一候：温风至

小暑一候：温风至（Hot wind reaches its peak）

在古人眼中，从夏至到小暑的最大变化，似乎是关于风的体感。

全国平均而言，小暑时节是整个夏天风最小的时段。天气往往是干热、暴晒、静风的状态，即使有风，也是热烘烘的风，热风如焚。

《礼记·月令》云："（季夏之月）温风始至。"

这时的风是温风，这时的云是静云，用管子的话说，"蔼然若夏之静云"。

所谓温风，除了热之外，朱熹的解读是"温厚之极"的风。季风气候背景下，在人们看来，春生夏长皆得益于风的温厚。所谓"始至"，不是初现，而是"峰值"。

[宋]王应麟《六经天文编》说：“必至未位遁卦，而后温厚之气始尽也。”

[宋]张虙《月令解》说：“夏之温风乃言于夏末者，盖温风至则阳气极也。”

[元]陈澔《礼记集说》说：“此记未月之候，至极也。”

[元]吴澄《月令七十二候集解》说：“温热之风至此而极矣。”

也就是说，小暑时节，上苍的温厚达到了极致。

中国的气候特征是雨热同季，即雨水最多时段与天气最热时段高度叠合，阳光、雨露在这个时节都变得最慷慨，这是万物的狂欢季。

古人以“温厚之极”，便概括了中国盛夏的气候禀赋。

古人所说的温风，实际上是指副热带高压所带来的东南风或南风。

苏轼的诗“三时已断黄梅雨，万里初来舶棹风”，是说小暑就出梅了，海上开始吹来热烘烘的东南风，船舶可以借着风回家了。

[清]顾禄《清嘉录》说：“梅雨既过，飒然清风，弥旬不歇，谓之‘拔草风’。”

舶棹风，在笔笔相传或口口相传的过程中，民间称谓变成了拔草风，倒也特别形象。“赤日炎炎似火烧，野田禾稻半枯焦”。酷暑烤得秧苗枯萎，杂草枯焦，客观上起到了拔草的功效。文雅的舶棹风、通俗的拔草风，以不同的方式表述着小暑一候温风至。

小暑二候：蟋蟀居壁

小暑二候：蟋蟀居壁（Crickets hide in the shade）

蟋蟀，俗名蛐蛐，乃秋兴之虫，盛夏并没有多少存在感。

在古代，蟋蟀多被称为蜻蛚，但别名众多。

[汉]扬雄《方言》的“蜻蛚”词条说：“楚谓之蟋蟀，或谓之蛬，南楚之间谓之王孙。”

[汉]蔡邕《月令章句》说：“蟋蟀，虫名，斯螽、莎鸡之类，或谓之蛬，亦谓之蜻蛚。”

[三国]陆玑《陆氏诗疏广要》说：“幽州人谓之促织。”

在人们的潜意识中，“蟋蟀居壁”似乎是因为惧怕烈日和热浪，所以蟋蟀潜藏。

在古人看来，“蟋蟀居壁”的内在原因是此时蟋蟀尚小，外在原因是此时穴中体感舒适。

对于蟋蟀而言，这时的所谓阴气尚处于可感、可适的状态。

[汉]郑玄在对《礼记》的注释中说："盖肃杀之气初生则在穴，感之深则在野而斗。"

[唐]孔颖达进而详细解读："蟋蟀居壁者，此物生在土中。至季夏羽翼稍成，未能远飞，但居其壁。至七月则能远飞在野。"

等到大暑时节，蟋蟀长大了，不想再"面壁"了，而且感觉穴中阴气渐盛，于是就到野外嬉戏和争斗。蟋蟀好勇斗狠的生物性情，都被视为肃杀之气使然。

"蟋蟀居壁"这项候应，说的虽是蟋蟀，但也是"夏至一阴生"之后古人衡量肃杀之气的一项标识。

故宫博物院藏传为[南宋]夏圭《月令图》小暑二候·蟋蟀居壁图释文字："《尔雅翼》云'蟋蟀，蛩也'，是时，羽翼稍成，感凉气而居壁，非院落之壁，是处土奥之穴也。《诗》云'七月在野'，火老金柔，商令初隆，此义颇贯。又谓之候虫应时而鸣，性好勇而斗狠，须致胜负而止。非虫好斗，是肃杀之气使之然也。"

小暑二候的候应，有"蟋蟀居壁"和"蟋蟀居宇"两个版本。"蟋蟀居宇"说与《诗经》中蟋蟀"八月在宇"相合。

《诗经》中："七月在野，八月在宇，九月在户，十月蟋蟀入我床下。"描述的是蟋蟀以月为序的活动区域变化。人们是以蟋蟀之所在，表征由夏热到秋凉的气候进程。

但蟋蟀的争斗，贯穿整个秋季，所以旧时的斗蛐蛐儿被称为"秋兴"。蟋蟀的鸣唱，也贯穿整个秋季，"尚有一蛩在，悲吟废草边"，或许这是万物最后的秋声。按照《毛诗正义》的说法，"虫既近人，大寒将至"，待蟋蟀躲进屋里、钻到床下，便是由秋凉到冬寒之时。

[宋]叶绍翁《夜书所见》云："萧萧梧叶送寒声，江上秋风动客情。知有儿童挑促织，夜深篱落一灯明。"

蟋蟀，又名"促织"，似有催促纺织之意，秋天"促织鸣，懒妇惊"。

清代《钦定月令辑要》说："促织鸣，盖呼其候焉。三伏鸣者，躁以急，如曰'伏天、伏天'；入秋而凉，鸣则凄短，如曰'秋凉，秋凉'。"

春天布谷"催耕"，秋天蟋蟀"促织"，似乎总有热心的生灵为我们播报时令。

小暑三候：鹰始挚

小暑三候：鹰始挚（Eyas learn to hunt）

在人们看来，盛夏季节的避暑方式，鹰似乎比我们多出一个选项，那就是“鹰击长空”。

炎热盛夏时，人们特别羡慕那些能够体验“高处不胜寒”的生灵。但是，鹰并没有忙于避暑，而是忙于“学习”。

小暑三候的候应，通常有3个版本。

（1）鹰始挚，源自《夏小正》。

（2）鹰乃学习，源自《吕氏春秋》《逸周书》《礼记》。

（3）鹰始鸷，源自《农政全书》。

鹰乃学习说的是雏鹰练习捕食之术，属于演习；鹰始挚说的是捕食，属于实战。而鹰始鸷中的“鸷”意为凶猛，是以性情代替行为的一种模糊化表述。鹰始挚只是委婉的说法，只是避讳“杀”字而已。

[汉]戴德《大戴礼记》：“**鹰始挚，始挚而言之何也？讳杀之辞也。故挚云。**”

如果要与后面的处暑一候鹰乃祭鸟相对应的话，鹰乃学习更为恰当。而鹰乃祭鸟暗含着捕鸟的行为，又与鹰始挚的行为相同。

[明]张介宾《类经》说：“**鹰感阴气，乃生杀心，学习击抟（tuán）之事。**”

清代《钦定授时通考》载：“**《月令》鹰乃学习，杀气未肃。挚鸟始学击抟，迎杀气也。**”

小暑时“杀气未肃”，所以鹰“始学击抟”，重点在一个“学”字。但在盛夏时，鹰不可能只学不捕。到了“天地始肃”的处暑时，鹰便开始尽情地凶猛捕食。

鹰乃学习，老鹰，是演示捕食之技；幼鹰，是练习捕食之技。宽泛言之，是着眼于季节变化的实战演习。在人们看来，此时的鹰变得异常凶猛，杀气乍现。凶猛，只是一种表象，深层次的原因是鸟类的居安思危。

在长养万物的盛夏，有的在疯长，有的在欢唱，而鸟类已经“未雨绸缪”，超前地开始做过冬的准备了。鸟类对于时令变化的预见天赋，被称为“得气之先”。

在古人看来，小暑三候鹰始挚是肃杀之气将起的物化标识。

大暑三候

大暑书法

大暑，六月中，暑至此而尽泄。

一候腐草为萤。离明之极，则幽阴至阴之物亦化为明。不言化者，不复原形也。二候土润溽暑。土气润，故郁蒸为溽湿。三候大雨时行。前候溽暑，而后候则大雨时行以退暑也。

大暑一候：腐草为萤

大暑一候：腐草为萤（Fireflies twinkle on rotten grass）

所谓“腐草为萤”，是“腐草感暑湿之气，故为萤”的简称。

古人认为草衰败和腐烂之后，生命的运化仍在继续。稻秆能变成蟋蟀，麦秆能变成蝴蝶，靡草腐烂之后能变成萤火虫。

但真实的情况是，因为萤火虫在枯草上产卵，湿热的大暑时节，萤火虫卵化而出。

[南北朝]萧统《锦带书·林钟六月》描述："三伏渐终，九夏将谢。萤飞腐草，光浮帐里之书；蝉噪繁柯，影入机中之鬓。九夏即将谢幕之时，萤飞蝉噪乃经典物候。"

那为什么惊蛰三候是"鹰化为鸠"，而大暑一候不是"腐草化为萤"呢？

清代《钦定授时通考》载："离明之极，则幽阴至阴之物亦化为明。不言化者，不复原形也。"

在古人看来，阳盛之时，幽阴之物也成了发光体，幽阴之所也成了明亮处。之所以是"腐草为萤"而不是"腐草化为萤"，是因为这种转化是单向的，萤不可化为腐草。

福建省漳州市南靖县云水谣坎下村，
夏至（左图，摄于2016年7月3日19:42）、小暑（右图摄于2015年7月11日20:09）时节的秘境流萤
（摄影：冯木波）

浙江省丽水市莲都区九龙国家湿地公园，春分时节江南湿地的春宵精灵
（左图，摄于2022年3月28日19:03分，摄影：朱卫中；右图摄于2018年4月1日19:29，摄影：郑叶青）

[汉]蔡邕《月令章句》：“不复为腐草故不称化。”

[宋]卫湜《礼记集说》：“不云化者，鸠化为鹰，鹰还化为鸠，故称化。腐草为萤，萤不复为腐草，故不称化。”

当然，我们无须苛责。即使在古代，这或许也只是一种无关真实的文化表达而已。就像在英语之中，有人将萤火虫很写实地称作glowworm（发光的虫子），有人将萤火虫很写意地称作firefly（火在飞），这是一样的道理。

童谣《大麦秸，火萤虫》（节选）唱道：

大麦秸，大麦秸，火萤虫儿上大街。

不打你，不骂你，玩玩就放你。

蝉，盛夏时的发声昆虫，是雄蝉唱，雌蝉听。而萤火虫，盛夏时的发光昆虫，雌雄是你有你的光，我有我的亮，雌虫的荧光更耀眼。萤火虫密集之处，树都仿佛成了圣诞树。

萤火虫是两千多种能发出荧光的昆虫总称。在盛夏雨后的夜晚，萤火虫星星点点，没有星辰璀璨，却比星辰梦幻。流萤之美，以大暑为最。

只是，现在萤火虫是越来越少了，朱熹诗中的“飞萤腐草寻常事”已不再是寻常事，这也成为很多人关于童年乡愁的一部分。

当然，萤火虫并非只在盛夏出现。南方一些地区芳菲四月便有萤火虫翩翩起舞，成为春宵之美的一部分。

有一次，我看到电视剧《三国演义》，诸葛亮向鲁肃讲述春夏秋冬的特点，秋天的特点是“雷始收声”，不打雷了。冬天的特点是“虹藏不见”，看不到彩虹了。春天的特点是“雾霭蒸腾”，冰雪消融之后湿气弥漫。而夏天的特点就是“土润溽暑”。实际上，这是电视剧梳理了原著中诸葛亮对于气候规律的认识，然后作了一个集中的表述。

大暑二候：土润溽暑

大暑二候：土润溽暑（Land is soaked in sauna）

什么是土润溽暑?

[元]陈澔《礼记集说》中的解读是：**“溽，湿也。土之气润故蒸郁而为湿暑。”**

溽暑，是又湿又热，是湿热之最。反映在土地上，指土壤被水浸泡的饱和状态，土地仿佛是“发面儿”的。

[汉]王粲《大暑赋》云：**“熏润土之溽暑，扇温风而至兴。”**

这时的土真的是“热土”，踩在泥土中都会有一种被扎、被烫的感觉。

古人以祁寒溽暑表征寒暑极致，指代气候带给人的磨难。土润溽暑，是雨热同季的气候使然。而雨热的同步过度叠加，最是夏季的气候风险所在。

大暑三候：大雨时行

大暑三候：大雨时行（Downpour prevails）

大雨时行，是土润溽暑的续集。“前候溽暑，而后候则大雨时行以退暑也”，当湿热达到极致，瓢泼大雨便前来“退烧”。

大雨时行，按照中国最早的岁时典籍《夏小正》的说法，是“时有霖雨”。不是浮皮潦草的雨，而是酣畅淋漓的雨。

[明]陈三谟《岁序总考全集》中的《七十二候歌》写道：**“土润郁蒸并暑湿，洗天大雨正时行。”**

我特别喜欢其中的“洗天”二字，大雨时行可谓洗天之雨，能把天洗得干干净净。

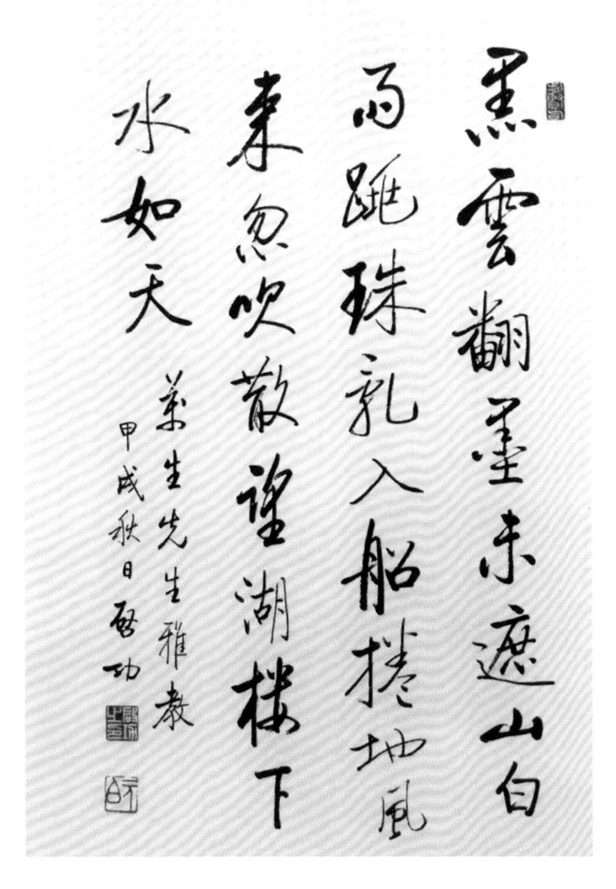

启功先生书苏轼诗《六月二十七日望湖楼醉书》

[宋]苏轼《六月二十七日望湖楼醉书》云：“**黑云翻墨未遮山，白雨跳珠乱入船；卷地风来忽吹散，望湖楼下水如天。**”

此诗所描述的便是翻腾的积雨云造成的一场“霖雨”。

南方的大暑时节，是在副热带高压的掌控之下，伏旱盛行，所以谚语说“小暑雨如银，大暑雨如金”。除了台风雨之外，便是午后的热对流降水。但下的时间短反而会加重闷蒸感。下的时间长一些，才能暂时纾解暑热。

据[唐]孔颖达《礼记正义》，“土既润溽，又大雨应时行也。不云降，降止是下耳，故言其流义，故云行”，本为同义词，但不说是降，偏偏说是“行”，意在降雨的急促与飘忽，意在雨之流行，更意在骤雨降落之后在大地上的奔涌感。

《孟子》中说的“油然作云，沛然下雨”指的便是大暑时节的“大雨时行”，雨后“则苗勃然兴之矣”。

[汉]郑玄在对《礼记》的注释中写道：**“至此月大雨，流水潦畜于其中，则草死不复生而地美可稼也。”**

在人们看来，“大雨时行”既是解渴的雨，也是提升土地肥力的雨。

盛夏之时，蒸发量大，作物需水量也大，往往“五天不雨一小旱，十天不雨一大旱”。谚语云：“冬旱无人怨，夏旱大意见。”所以，感谢“大雨时行”。

大暑时，正是二十四节气起源地区一年一度的短暂雨季。大暑期间的降水量为全年总降水量的四分之一左右。所以谚语说“小旱不过五月十三，大旱不过六月二十四”。

农历五月十三是关公磨刀日，农历六月二十四是关公生日，人们觉得老天爷总得看在关公的面子上，以雨水普济众生吧。而从气候上看，前者处于雷雨多发时；后者处于全年主雨季。

就全国平均而言，从前最多雨的节气是大暑。但随着气候变化，最多雨的节气已前移至夏至节气了。

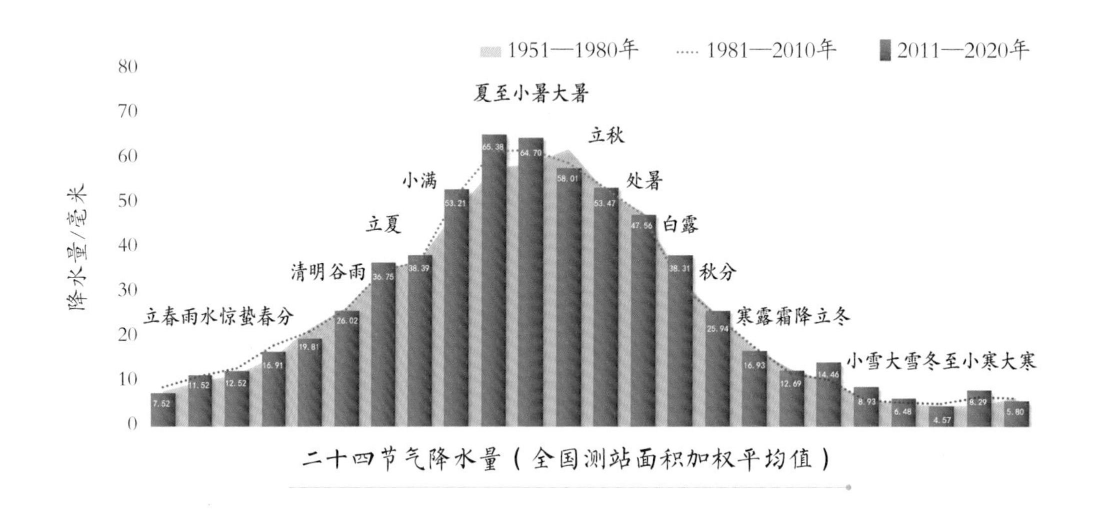

二十四节气降水量（全国测站面积加权平均值）

秋

Autumn

七十二候之秋季

立秋　处暑　白露　秋分　寒露　霜降

寒露三候

寒露一候：鸿雁来宾

寒露二候：雀入大水为蛤

寒露三候：菊有黄华

霜降三候

霜降一候：豺乃祭兽

霜降二候：草木黄落

霜降三候：蛰虫咸俯

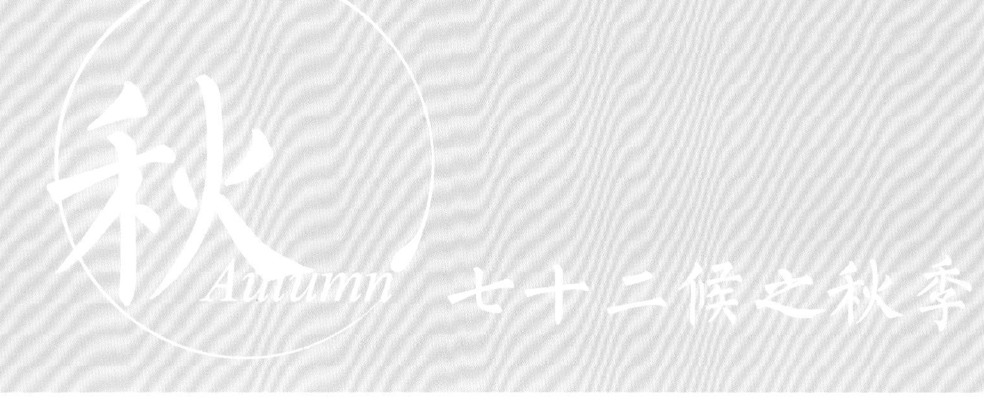

立秋　处暑　白露　秋分　寒露　霜降

秋，秋为收成。秋之气和则白而收藏。

上句出自《尔雅·释天》，概括秋季气与象的属性；下句出自[宋]邢昺《尔雅注疏》，刻画秋季气与象的常态。

立秋三候

立秋书法

立秋，七月节。秋，揫也，物至此而揫敛也。

一候凉风至。西方凄清之风也，温变而肃也。

二候白露降。大雨之后凉风来，天气下降，茫茫而白，尚未凝珠，故曰白露降。三候寒蝉鸣。今初秋夕，阳声小而急疾者是也。

立秋一候：凉风至

立秋一候：凉风至（Cool breeze blows）

《淮南子·天文训》将立秋物候定义为“立秋凉风至”，所以“凉风至”不止是立秋一候的候应，而是整个立秋时节人们最深刻的感触。这种感触，是气温、风向、相对湿度变化的集成。

[唐]王粲《凉风至赋》云：“**龙火西流，凉风报秋。凉风，是报秋者。**”

古人将报秋之风常常描述为“一笛秋风”，秋风仿佛有了乐感。

什么是凉风？

《淮南子》中将西南风称为“凉风”，汉代高诱在对《吕氏春秋》的注释中说“凉风，坤卦之风”。凉风，可以无关乎体感，仅仅指代风向，也可以是风向和体感的双重指代，体现着凉而未寒的细腻体感。

[唐]孔颖达在对《礼记》的注释中认为：“凉风至，凉寒也，阴气行也。”

[宋]张虙《月令解》说：“七月时候也，凉未至于寒，故秋为凉风。若北风，其凉则寒矣。”

[明]顾起元《说略》说：“凉风至，西方凄清之风曰凉风，温变而凉，气始肃也。”

凉风至，也作“盲风至”。唐代孔颖达解读：“秦人谓疾风为盲风”，后世也以“盲风怪雨”形容疾风骤雨。

对于大多数地区而言，立秋凉风至，未必是指立秋一到便疾风大作，转瞬清凉，成为熬暑之人的解救者。所谓凉风，只是西风或西南风的代称而已。

且不说南方“立秋处暑正当暑”，即使对于北京而言，立秋时节白天的气温其实与大暑相差无几（平均最高气温只相差0.4℃左右）。

但立秋时节最突出的变化，是盛行风转为来自干燥内陆的西风，能让人隐约有一点久违的干爽感觉。对于苦夏已久的人们而言，似乎感受到了来自上苍的一份赦免之意。

为了让秋天来得更具仪式感，人们将凉风奉为立秋的图腾，朱熹将“凉风至”视为“严凝之始”。

立秋的气候标识是“凉风有信”，物候标识是“一叶知秋”。因风而气凉，因风而叶落。

在古代月令体系中，是孟秋之月凉风至，仲秋之月疾风至，也就是杜甫笔下的“八月秋高风怒号，卷我屋上三重茅”的疾风。

孟秋时清风初起，仲秋时疾风渐至。风向和风力都是人们心目中季节更迭的标志。

秋意

[清]爱新觉罗·载湉

一夕潇潇雨，非秋却似秋。凉风犹未动，暑气已全收。

桐叶碧将堕，荷花红尚稠。西郊金德王，武备及时修。

光绪帝的这首诗写出了从夏令到秋令之间一种微妙的分寸。

“凉风犹未动”，虽然不满足“立秋凉风至”的物候标识，“桐叶碧将堕，荷叶红尚稠”，也不满足“一叶知秋”的物候标识，但一番夜雨，已然神似秋天。

即使没有冷气团爆发所带来的凉风，冷暖气团对峙时冷气团的渗透也可以营造秋意。一场夜雨，便在这将秋未秋的时候，令暑气收敛。

有了“四立”，便形成了太阳历视角下的“四时八节”。

在创立了“四时八节”体系的春秋战国时期，人们已经界定了盛行风向与时令的对应关系。这是季风气候背景下人们深刻的感悟。可以说，中华民族是对风最敏感的民族，没有之一。

八风的概念，始见于《左传·隐公五年》：**“夫舞所以节八音，而行八风。”**

八风的具体称谓，始见于《吕氏春秋·有始览》“何谓八风？东北曰炎风，东方曰滔风，东南曰熏风，南方曰巨风，西南曰凄风，西方曰飂风，西北曰厉风，北方曰寒风”，并且阐述了八风与八节的呼应，即“八风者,盖风以应四时,起于八方,而性亦八变”，也就是时节不同，风向不同，风的属性不同。

虽然立秋时气温并没有显著的变化，但风向中来自干燥内陆的西风分量增加，令人们倍觉干爽，似有凉意，于是也就有了立秋“凉风至”的候应。

清代钦天监在“四时八节”的交节时刻进行风向观测，自康熙十六年（1677年）至光绪十八年（1892年）的216年。如果记录到的是“八风”中的盛行风风向，便认为气候正常，可以作出五谷丰登的判断。

立秋二候：白露降

立秋二候：白露降（Mist hangs in the air）

[汉]郑玄在对《易纬通卦验》中立秋“白露下”的注释中写道：“白露，露得寒气始转白。”

立秋二候白露降中的所谓白露，并不是白露节气的露水。远非“阴气渐重，露浓色白”的仲秋，立秋的白露降，只是初秋时节的薄雾蒙蒙。

在古人看来，立秋白露降，是“茫茫而白者，尚未凝珠”，这似乎是白露的雏形。

之所以特地称之为白露，“降示秋金之白色也”，只是为了突出白色是秋天的专属色而已。

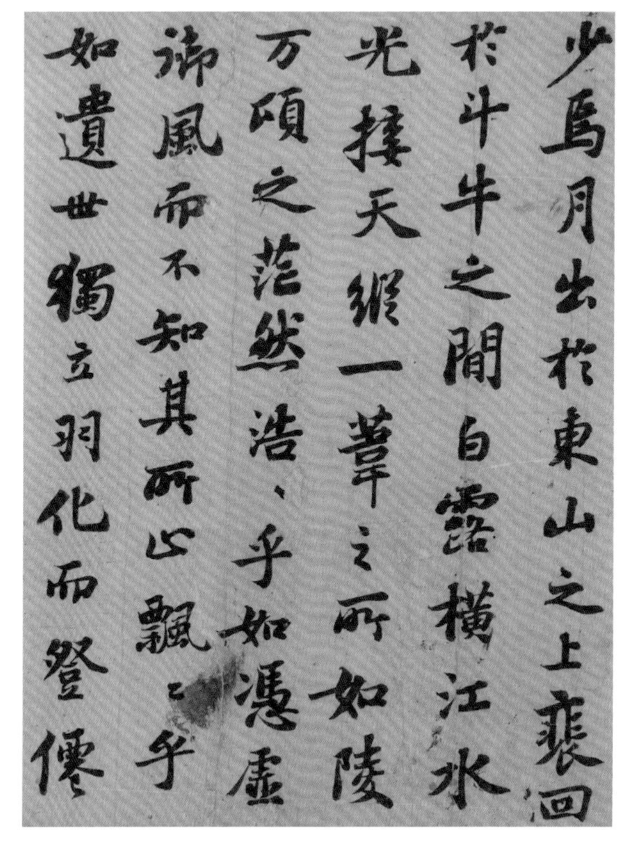

[宋]苏轼书《赤壁赋》（局部，台北故宫博物院藏）

苏轼的《赤壁赋》作于1082年8月12日（壬戌年七月十六），相当于用“定气法”界定的立秋二候。《赤壁赋》中“白露横江，水光接天”的“白露”就是立秋二候“白露降”中的薄雾，弥漫在江上的薄雾，而非白露节气的露珠。

初秋的天气意象，似乎一切都很素淡、清朗，和风、新凉、细雨、轻烟、流岚。此时的雾气，常被人称为颇具诗意的“霭”。人们并不厌烦雾霭，甚至喜欢从模糊朦胧的低能见度状态下感受和谐的时令之美。这是诗人和画者所偏爱的朦胧意境，一种细腻的感性与文化偏好。

用汉代董仲舒的话说，是：“雾不塞望，浸淫被洎而已。”

“白露降”式的雾气并未遮蔽视野，只是浸润了天地，撩拨了诗心。在浓墨重彩的盛夏之后，或许这一抹薄雾，最是令人怡然欢喜。

立秋三候：寒蝉鸣

立秋三候：寒蝉鸣（Bleak chirps of cicadas predict the arrival of autumn）

夏天，寒蝉与众蝉和鸣，但到了秋天，似乎唯余寒蝉的“独唱”。

金风始至，初酿其寒。寒蝉鸣，仿佛是关于暑气消退的预告。

在蝉家族里，寒蝉在古诗词中“出镜率”最高。

秋风初生之时，三国曹植说：“秋风发微凉，寒蝉鸣我侧。”

秋雨初歇之时，宋代柳永说：“寒蝉凄切，对长亭晚。骤雨初歇。”

秋云初起之时，唐代郎士元说：“薄暮寒蝉三两声，回头故乡千万里。”

那若断若续的寒蝉之鸣，乃秋之凄美，令人恻隐和怜惜。

古代人们将夏蝉称为蜩，秋蝉称为螀。

[汉]高诱在对《吕氏春秋》的注释中说：“寒蝉得寒气，故翼而鸣时候应也。”

秋蝉和夏蝉有什么区别呢？

[汉]郑玄对《礼记》的注释：“寒蝉，寒蜩，谓蜺也。”

[宋]邢昺对《尔雅》的注释：“蜺，一名寒蜩，又名寒螀，似蝉而小青赤色者。”

[宋]鲍云龙《天原发微》：“寒蝉鸣，得阴气之正。寒蜩又曰寒螀，似蝉而小青赤。”

与夏蝉的区别在于，秋蝉个头小一些，体呈青赤色。

螀噪而秋至，应候而秋悲，寒蝉与西风、落叶、白露、青霜一同构成了悲凉的意象组合。所以立秋寒蝉鸣，虽是一项物候标识，但更是一种唤醒愁绪的文化符号。寒蝉沙哑的叫声仿佛是文人在秋凉时节哀婉的心声。

而当气温低于20℃时，蝉声便止息了。

在鸿雁渐远之际，是蝉噤荷残的景象。寒蝉沉默了，荷叶凋零了。所谓“噤若寒蝉”，便是深秋时节肃杀氛围中的集体沉默。

处暑三候

处暑书法

处暑，七月中。阴气渐长，暑将伏而潜处也。

一候鹰乃祭鸟。金气肃杀，鹰感其气，始捕击，必先祭。二候天地始肃。三候禾乃登。禾者，谷之连藁秸之总名。成熟曰登。

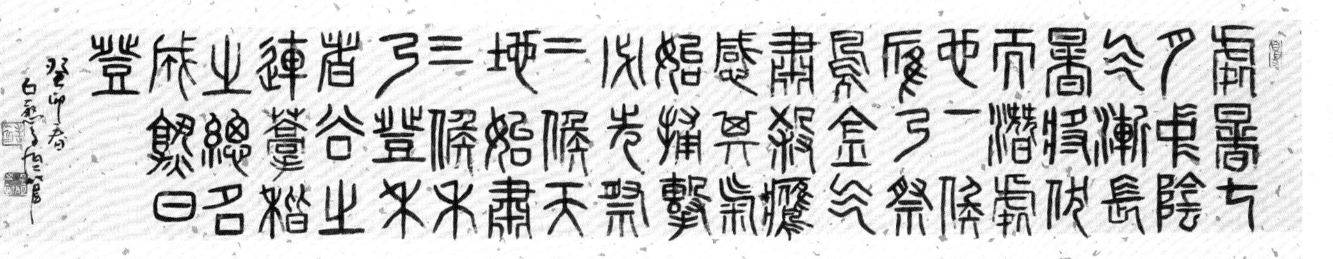

处暑一候：鹰乃祭鸟

处暑一候：鹰乃祭鸟（Eagles put down bird as trophies）

在古人眼中，鸟类比其他生物更早感知时令变化。

由盛夏到初秋，鹰给人留下的是勤勉而专注的印象。小暑三候鹰始挚，盛夏时鹰已在操练捕食之技。到了初秋，鹰由演习转为实战，站在食物链的顶端，开始捕杀小鸟、小虫、小兽。“金气肃杀，鹰感其气，始捕击，必先祭。”

“鹰乃祭鸟，始用行戮”，鹰仿佛是秋气肃杀的代言者。

[汉]郑玄对《礼记》的注释说：“鹰祭鸟者，将食之示有先也，既祭之后不必尽食。”

[汉]高诱对《淮南子》的注释说：“鹰挎鸷杀鸟于大泽之中，四面陈之，世谓之祭鸟，始行杀戮，顺秋气也。”

[唐]孔颖达对《礼记》的注释说：“鹰祭鸟者，将食之示有先者，谓鹰欲食鸟之时先杀鸟而不食，与人之祭食相似，犹若供祀先神，不敢即食，故云示有先也。”

[宋]鲍云龙《天原发微》说：“鹰杀鸟不敢先尝，示民报本也，又示不武。”

[宋]张虙《月令解》说：“秋鹰祭鸟与獭祭鱼、豺祭兽小异，虽均是示有先之意，惟鹰祭时鸟犹生也。祭后始杀之，故云始用行戮。”

在古人对“鹰乃祭鸟”的刻画中，我们可以得到这样几个印象：

（1）开始捕猎鸟类，但被视为顺应肃杀的秋气。

（2）捕猎之后并不食用，而是将猎物陈列四周，如同人们的祭祀一般。在体现有所敬畏的同时，又体现“不武”的理念。

（3）在“祭祀”之后才杀死猎物，而且随后也并非狼吞虎咽地将猎物都吃掉。

人们发现，鹰常常将把所猎之物码放在一起，就像是人们将各种美食先供奉给神灵和先祖的祭祀一般，古人将这种现象称为“示有先”。大家对内心挂念先祖的生灵，都有着一种由衷的好感。而且人们通过观察，发现鹰似乎还有不捕杀正在孵化或哺育幼鸟的禽鸟之习性，捕杀的多是老弱病残之鸟。

“犹若供祀先神”以及“不击有胎之禽”，都被视为鹰的“义举”。于是，杀气凛凛的捕食者被塑造得义气蔼蔼。正如欧阳修在《秋声赋》中所云：“是谓天地之义气，常以肃杀而为心。”

处暑二候：天地始肃

处暑二候：天地始肃（Everything turns solemn）

[明]顾起元《说略》写道："秋者阴之始，故曰天地始肃。"

天地始肃虽然特指处暑，但也可以概括秋气之象。处暑时节暑热止息，在古人看来，秋气清肃是因，暑热止息是果。

天地始肃，是一个难以量化的节气物语。它是指天地的"表情"开始变得严肃了，气肃而清。

在古人看来，上苍对于我们，是严慈相济。春和夏，体现的是慈；秋和冬，体现的是严，阳气由疏泄转为收敛。

[汉]郑玄对《礼记》的注释说："肃，严急之言也。"

《淮南子·时则训》说："季夏德毕，季冬刑毕。"

所谓“季夏德毕”，就是夏季一过，上苍已倾其所能，能够给予我们的恩德都已经尽数付予了我们。处暑时节，上苍将由慈到严，由让我们领受恩德变为让我们接受刑罚。所以，秋也被视为一位刑官。

《汉书·董仲舒传》中说：“天道之大者，在阴阳。阳为德，阴为刑，刑主杀而德主生。是故阳常居大夏，而以生育养长为事。阴常居大冬而积于空虚不用之处。以此见天之任德不任刑也。”

在古人看来，虽然上苍对我们有德有刑，但还是以德为主、以刑为辅的。

谚语说：“九月的天，御史的脸。”人们以御史严肃的面孔，形容深秋时的飒飒秋气。

但初秋时节，以凋零和寒冷为标志的刑罚，尚未“行刑”。处暑三候“禾乃登”，也就是谷物成熟，是体现恩德的丰硕成果。它使人们沉浸在即将收获的欢畅与憧憬之中。

虽然天地始肃，万物肃杀的刑罚即将开始，但人们还不及秋愁、秋悲，而要开始准备秋收。

《文子》曰：“因春而生，因秋而杀，所生不德，所杀不怨，则几于道矣。”

《管子》曰：“春风鼓，百草敷蔚，吾不知其茂；秋霜降，百草零落，吾不知其枯。枯茂非四时之悲欣，荣辱非吾心之忧喜。”

这两段话的意思是：上苍让万物在春天萌生，在秋天终结，这一切既不是出自恩德，也不是出于怨恨，一切都是自然法则。百草的繁盛与凋零，并不是四季的悲伤与欢欣；别人给予我的荣辱，也不是我内心的忧愁与喜悦。

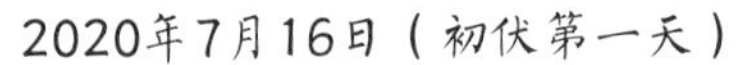

2020年7月16日（初伏第一天）

2020年8月24日（末伏最后一天）

可见，在春秋战国时期，人们已经能够清晰地认识到，万物之枯荣，春天的蓬勃与秋天的肃杀，都只是时令使然。所以我们不必夸赞，无须幽怨，也不必将春天视为上苍的恩宠，将秋天视为上苍的刑罚。不要因为春天到来而欣欣然，也不要因为秋天降临而戚戚然。人们只要遵循节令、顺应天道便好。

我们如何直观地理解“天地始肃”？

这两张照片，分别是我拍摄的2020年伏期始日和终日的苹果。处暑时出伏的苹果，恰是渐渐“修成正果”之时。

《庄子·庚桑楚》说：**“夫春气发而百草生，正得秋而万宝成。夫春与秋，岂无得而然哉？天道已行矣。”**

春气勃发，百草生，而秋气收敛，万宝成。一个负责生，一个负责成。天道如此。天地始肃，万物有成，所以“处暑立年景”。

处暑三候：禾乃登

在二十四节气的候应中，有两项与主要粮食作物相关。

一个是小满三候的麦秋至，另一个就是处暑三候的禾乃登。一个代表夏收，一个代表秋收。

“禾乃登”，既泛指谷物开始成熟，又特指稷的成熟，“稷为五谷之长，首熟此时”。也就是说，江山社稷的稷，它作为五谷之首，在处暑时节率先成熟。

[汉]郑玄对《礼记》的注释说：“黍稷之属于是始熟。”

[宋]鲍云龙《天原发微》说：“谓稷为五穀之长熟于此时也。”

[明]顾启元《说略》说：“禾乃登，禾者，穀连藁秸之总名，又稻秫菰粱之属皆禾也。成熟曰登。”

什么是稷，一直有不同的解读。有人认为是粟、小米。也有人认为是高粱，还有人认为是不黏的黍米。所以禾乃登，是指作为二十四节气创立时期最主要粮食作物的稷，在处暑时节成熟了，主粮收获进入了倒计时。

处暑三候：禾乃登（Grain approaches ripening）

此时人们终于可以估算出收成如何，人们开始“稻花香里说丰年”。按照现在的节气歌谣，北方地区是“处暑动刀镰”，秋收拉开帷幕。然后“白露快割地，秋分无生田”。

民谚云：过了七月半，人似铁罗汉。为什么这时候人们可以像罗汉一样镇定呢？

按照[清]梁章钜《农候杂占》所载的说法，是“酷暑已退，可望秋收，农人有恃也”，人们有了镇定甚至傲娇的底气。

不同时节的颜色变化：

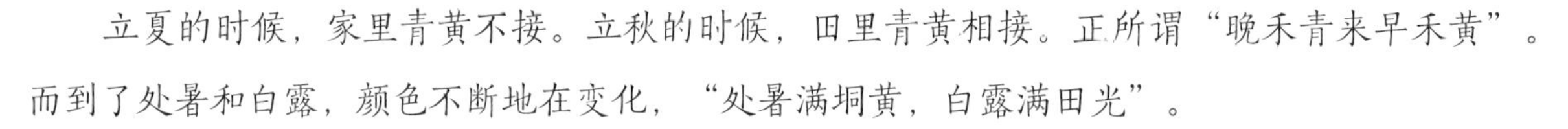

立夏的时候，家里青黄不接。立秋的时候，田里青黄相接。正所谓“晚禾青来早禾黄”。而到了处暑和白露，颜色不断地在变化，“处暑满垌黄，白露满田光”。

处暑时节，除了禾乃登之外，割高粱，摘棉花，打枣、卸梨、拔麻、起蒜、收瓜，人们累并快乐着。很多物产，都成于处暑。

就自然气候而言，处暑是暑热止息的时节。

就农事物候而言，处暑是禾谷黄熟的时节，正所谓“处暑立年景”。

春种之粟，终于变成了秋熟之谷，这是对处暑三候“禾乃登”的延伸表达。

2022北京冬奥会开幕式二十四节气倒计时之处暑节气组图，配诗为[唐]李绅《悯农》中的“春种一粒粟，秋收万颗子”

白露三候

白露书法

白露，八月节。阴气渐重，露凝而白也。

一候鸿雁来。《淮南子》作候雁，自北而南来也。二候玄鸟归。玄鸟，北方之鸟，故曰归。三候群鸟养羞。养羞，谓藏美食以备冬月之养。

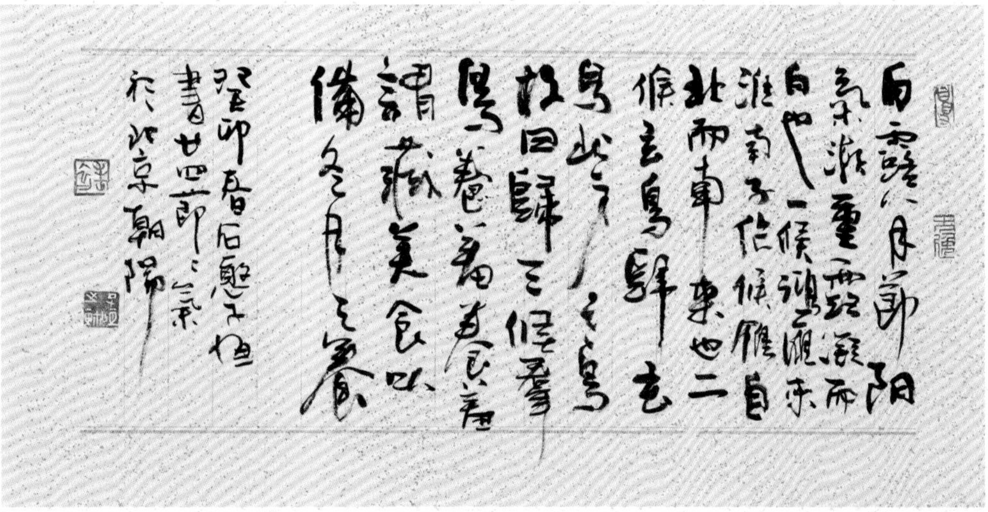

白露一候：鸿雁来

白露一候：鸿雁来（Swan geese fly south）

这个候应为什么叫作“鸿雁来”？

[宋]鲍云龙《天原发微》：**“言自外来于内，此又言自北而来南。”**

因为黄河中下游地区既不是鸿雁向南迁飞过程中的出发地，也不是其目的地，所以称为“来”，即匆匆途经此地进入人们的视线而已。所以“鸿雁来”是Swan geese fly south，既不是depart（离开），也不是arrive（到达）。如果以航班作比，鸿雁起飞于漠北，降落于江南，北方的人们只是在其“航线”看到在“巡航高度”上飞翔的鸿雁而已。

在二十四节气七十二候的72项物候标识中，有22项是鸟类物候，为第一大类。

而鸟类物候中，又以鸿雁为最，分别为白露一候鸿雁来、寒露一候鸿雁来宾、小寒一候雁北乡、雨水二候候雁北。显然，鸿雁迁飞是中国古代物候观测史上最重要的生物标识。

人们不仅在时令范畴曾以鸟类为师，在食物范畴也曾以鸟类为师。

比如很多野果，最初是看到鸟类吃，人们才开始放心地吃。包括野生的稻谷，也是如此。人们先发现可食用，后发现可种植。人们从鸟类的食谱中找寻安全且可口的食物。

而且人们还通过观察鸟，来判断天气变化。例如“燕飞低，穿蓑衣”，例如“鸦浴风、鹊浴雨，八哥洗浴断风雨”。

例如，夏天到了吗？“立夏不立夏，黄鹂来说话。”

是要放晴还是要下雨呢？“斑鸠叫，天下雨；麻雀噪，天要晴。”

可以下田插秧了吗？“白鹤来了好下秧。”

同样是喜鹊叫，是：“久晴鹊噪雨，久雨鹊噪晴。”

同样是鹳鸣，是：“鹳仰鸣则晴，俯鸣则雨。”

……

所以，无论是感知时令，还是感知天气，人类都需要感谢鸟类。当然，善于借用鸟类的本能智慧，也是人类的一项大智慧。

源远流长的内蒙古乌拉特民歌《鸿雁》这样唱道：

鸿雁天空上，对对排成行。江水长，秋草黄，草原上琴声忧伤。鸿雁向南方，飞过芦苇荡。天苍茫，雁何往。心中是北方家乡。天苍茫，雁何往。心中是北方家乡。

鸿雁北归还，带上我的思念。歌声远，琴声颤，草原上春意暖。鸿雁向苍天，天空有多遥远。酒喝干，再斟满。今夜不醉不还。酒喝干，再斟满。今夜不醉不还。

很多人唱这首歌，都是在微醺或酣醉的状态，意在“酒喝干，再斟满，今夜不醉不还”。但我每次听这首歌，想到的则是与二十四节气中4项候应有关的鸿雁南迁与北归。

王昌龄笔下的“八月萧关道”，已是“处处黄芦草”，是“饮马渡秋水，水寒风似刀”。

北方的谚语说：“八月初一雁门开，大雁脚下带霜来。”白露时节，大雁自漠北而来，途中已然霜雪。我2013年白露时节参访乌兰巴托，穿着羽绒服。到那儿的第二天，下雪了。况且并不是初雪，而是当地9月的第四场雪了。这便是大雁在迁飞途中的天气。

[汉]郑玄对《礼记》的注释说：“玄鸟，燕也。归，谓去蛰也。”

[汉]高诱对《吕氏春秋》的注释说：“玄鸟，燕也。春分而来，秋分而去，归蛰所也。”

[宋]鲍元龙《天原发微》说：“玄鸟归为仲秋之候，春至秋归，归蛰藏本处。”

白露二候：玄鸟归

玄鸟归，是指燕子飞往越冬地。燕子来去的时间，曾被粗略地定为春分和秋分，所以燕子也被称为“社燕”，即与春分时间相近的春社时来，与秋分时间相近的秋社时去。而无论是秋分还是白露，“玄鸟归”都是仲秋之候。

白露一候鸿雁来，是大雁从度夏地飞来；二候玄鸟归，是小燕向越冬地飞去。小燕和大雁都是候鸟，但在同一季节里却有着不一样的行程。它们只是邂逅于白露时节，所以也就有了“社燕秋鸿”这则成语，以燕与雁的匆匆相见又离别，隐喻人们的相思很长，相见却很短。

春暖“玄鸟至”，来时是“比翼双飞”地来；秋凉“玄鸟归”，去时是“拖家带口”地去。来去之间，完成了生命的递进。

燕子傍人而居，在屋檐下衔泥筑巢，细语呢喃，是与人最亲近、情感交集最多的小鸟。

白露二候：玄鸟归（Swallows depart）

《诗经》云："燕燕于飞，差池其羽。之子于归，远送于野。瞻望弗及，泣涕如雨。"

《诗经》中，燕子便已是怆然离别剧情中的一部分。所以，在人们内心深处，春分"玄鸟至"和白露"玄鸟归"或许不仅仅是节气物语，更是关于离别与重逢的物语。

白露三候：群鸟养羞

关于"群鸟养羞"的解读，有两个侧重点。

[汉]高诱对《吕氏春秋》的注释说："谓寒气将至，群鸟养进其毛羽御寒也。"

说的是群鸟敏锐地觉察肃杀之气，趁着秋果丰硕、秋虫肥美之时大快朵颐，养得羽翼丰满，以此御寒。

白露三候：群鸟养羞（Birds are busy with winter storage）

[汉]郑玄对《礼记》的注释说：“羞者，所美之食；养羞者，藏之以备冬月之养也。”

说的是群鸟辛勤地积攒和储藏美食，备足过冬的“粮草”。

其实两者的目标是一致的，虽然各有侧重，但都不可或缺。

后世对群鸟养羞的解读，更侧重储藏食物。

[宋]鲍云龙《天原发微》说：“群鸟养羞，羞，食之美。养之以备冬藏。”

[宋]张虙《月令解》说：“羞，谓所食也。养而蓄之，以备冬藏，以是知先时而备物，犹能之人灵于物可不知有先具邪？”

[明]顾起元《说略》说：“养羞，藏之以备冬月之养也。”

以此地为家的留鸟们，既要梳理好自己的“羽绒服”，也要准备好自己的“冬储粮”，解决好温饱问题。或许在古人看来，群鸟养羞便是人们备冬的微缩版本，也是对人们备冬的一种温馨提示。

秋分三候

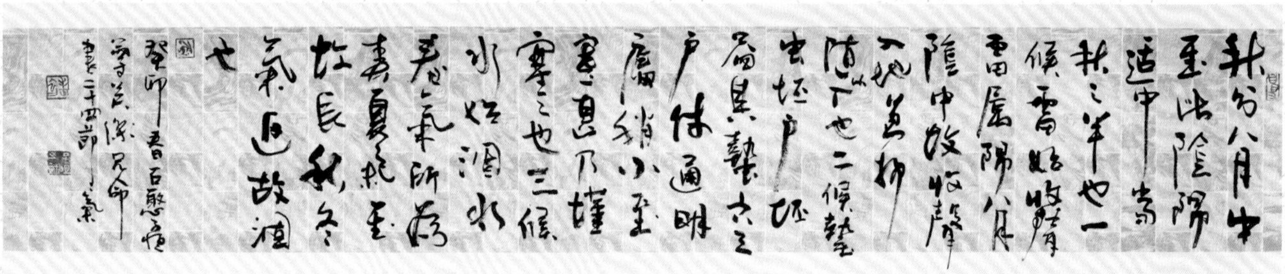

秋分书法

秋分，八月中。至此阴阳适中，当秋之半也。

一候雷始收声。雷属阳，八月阴中，故收声入地。万物随以入也。

二候蛰虫坯户。坯，益其蛰穴之户，使通明处稍小，至寒甚乃墐塞之也。

三候水始涸。水，春气所为。春夏气至，故长；秋冬气返，故涸也。

秋分一候：雷始收声

秋分一候：雷始收声（Thunder ceases）

在古代，雷之发声与收声，与阳气之盛衰相关。

[汉]王充《论衡》：“**正月阳动，故正月始雷。五月阳盛，故五月雷迅。秋冬阳衰，故秋冬雷潜。**”

古人认为，雷电产生的原因，是“阴阳合”或“阴阳相薄”或“阴阳交争”。

这几种说法的相同之处在于都涉及阴阳二气的接触，各异之处在于接触时它们之间是友好还是敌对。古代占卜以雷电发生时“其声和雅，岁善”，即阴阳约会而非阴阳决斗，作为好年景的预兆。

雷声，被视为阳强阴弱时段的产物。

[宋]卫湜《礼记集说》载："春分以阳为主，故继言雷乃发声；秋分以阴为主，故继言雷始收声。"

以阴阳思维，雷电是阴气与阳气都具备一定实力时，短兵相接所致。而"阴阳相半"的秋分之后，阴气渐盛，阳气潜藏，于是它们很难再有会面的机缘，所以也就很难再有雷声了。

雷被视为阳气之声，秋分之后它"收声入地"，只是地表视角上的沉默。在古人看来，所谓"雷始收声"，只是人听不到雷声而已，雷其实一直存在。

[汉]高诱对《吕氏春秋》的注释说："藏其声不震也。"

[汉]郑玄对《礼记》的注释说："雷始收声，在地中动内物也。"

[明]顾起元《说略》载："雷二月阳中发声，八月阴中收声，入地则万物随入也。"

雷始收声之后，雷就到地下去了，于是万物就随着雷之收声而集体进入闭藏时段。

从前，也有人认为雷电乃龙所为，雷电的发生规律是春分雷乃发声，秋分雷始收声。而龙在一年当中的"作息规律"，是"春分而登天，秋分而潜渊"，都是半年工作制，看起来非常契合雷电的起止时间。

秋分二候：蛰虫坯户

秋分二候：蛰虫坯户（Insects seal their burrows）

所谓“蛰虫坯户”，[汉]郑玄在对《礼记》的注释中说：“坏，益也。蛰虫益户谓稍小之也。”

[唐]孔颖达在对《礼记》的注释中进行了更细致的解读：“户谓穴也，以土增益穴之四畔，使通明处稍小，所以然者，以阴气将至。此以坏之稍小，以时气尚温，犹需出入。故十月乃闭之也。”

所以蛰虫坯户还不是完全封闭门户。时气尚温、阴气渐至的时段，蛰虫们还可以时常出入门户。在仲秋时节用细土把洞穴垒得结实一些，洞口开得再小一些。到天气寒冷的时候，“至寒甚乃墐塞之也”才是真正的封堵洞口，“闲人免进”，安然过冬。

仲秋候应“蛰虫坯户”，古有多种写法，差异集中于“坯”之用字。

《礼记》记为“蛰虫坏户”。但“坏，音培”。

《逸周书》记为“蛰虫培户”。

《吕氏春秋》记为“蛰虫俯户”。

《淮南子》记为“蛰虫陪户”。

《宋史》《元史》等记为“蛰虫坯户”。

其中，“坏”“坯”“培”“陪”为通假字，可通用。根据清代段玉裁《说文解字注》汇总的注释，坏可释为“瓦未烧，俗谓土坯。培字正坏字之假借。”

五种写法中，只有《吕氏春秋》的“蛰虫俯户”与众不同。汉代高诱将“蛰虫俯户”释为“将蛰之虫，俯近其所蛰之户”，“俯”为躲藏之义，并无将洞口变小的内涵。

春分是“蛰虫启户”，秋分是“蛰虫坯户”，它们基本上是半年户外，半年室内。秋分时节，蛰虫们开始成为“地下工作者”。

在二十四节气的节气物候标识之中，蛰虫类物语的数量仅次于鸟类。而这些蛰虫物语“战胜”了更早的其诸如《夏小正》中的正月“囿有见韭”（园子里又长出了韭菜）、四月“囿有见杏”、八月“剥瓜”、九月“荣鞠树麦”（野菊花开，可以种麦了）以及仲冬“芸始生”、仲夏“木堇荣”等直观的候应。

为什么观测蛰虫行为需掘地三尺，其难度更大，古人却更乐于选择呢？

春天，人们需要借助蛰虫测试地温。

蛰虫的洞穴环境，正是农耕所依托的土壤环境，春季人们更需要来自地下的“情报”。

秋天，人们需要借助蛰虫测试气温。

蛰虫坯户、蛰虫咸俯能够为人们提供关于秋凉和秋寒的温度临界值。每年的寒凉有早晚，生物行为可以对此做出动态修订，观察地下的生物，能使人们更精准地把握时令变化。

因此，所谓的“蛰虫启闭”是人们春秋两用的生物温度计。

但蛰虫生活在洞穴之中，人们很难确切地捕捉到它们特征化的生物行为。所以节气中的蛰虫物语，如果不是出自臆想，而是来自实测，那么其观测的难度无疑是节气相关的物候观测中最高的。在现代人看来，这几乎是一种不可思议的执着。

秋分三候候：水始涸

秋分三候：水始涸（River banks start drying up）

[汉]高诱对《吕氏春秋》的注释说：**涸，竭。意为水开始干涸。**

[元]吴澄《月令七十二候集解》载：**水本气之所为，春夏气至，故长；秋冬气返，故涸也。**

但[汉]郑玄在对《礼记》的注释中提出质疑，认为秋分时节便水体干涸是不符合实际情况的：**“此甫八月中，雨气未止，而云水竭，非也。”**

郑玄又进一步引《国语·周语》中对于星象出现的时辰来说明水涸出现的时间为寒露之后，即：**“辰角见而雨毕，天根见而水涸。”**

“水始涸”不应是水体的整体干涸，而只是“潦水尽”，只是夏雨遗存的积水逐渐干涸，浅塘显露着曾经的水痕。

一年之中的水体变化，显然与降水多少相关。

春季降水陡增，所以春水生，诗词吟咏春江水满，人们唱着“山歌好比春江水”。

秋季降水锐减，所以秋水净，诗词吟咏秋江水清，人们唱着“心与秋江一样清”。

全国而言，秋分时节的降水量不足立秋时节的50%，而北京仅为20%。此时，河流舒缓了，水洼干涸了。

[唐]司空图在《二十四诗品》中有这样的词句：“**流水今日，明月前身。**”

流水为何如此清澈？因为皎洁的明月是我的前身。

在降水量大的春夏，流水往往是浑浊的，只有在雨水不再喧嚣、径流不再湍急的清秋，才有可能呈现“流水今日，明月前身”的意境。

秋气之美，常在于水之静美。

寒露三候

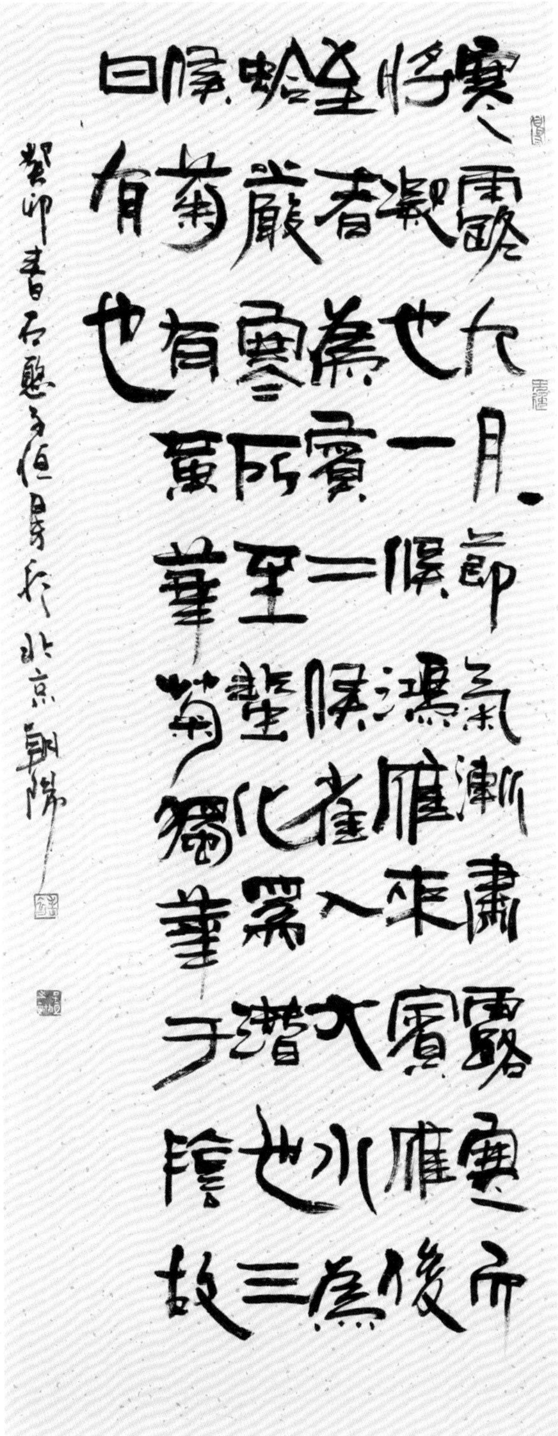

寒露书法

寒露，九月节。气渐肃，露寒而将凝也。

一候鸿雁来宾。雁，后至者为宾。二候雀入大水为蛤。严寒所至，蜚化为潜也。三候菊有黄华。菊独华于阴，故曰有也。

寒露一候：鸿雁来宾

白露一候鸿雁来，寒露一候鸿雁来宾，这“鸿雁来”和“鸿雁来宾”有什么区别呢？

[汉]郑玄对《礼记》的注释说：“皆记时候。来宾，言其客止未去也。”

[唐]孔颖达对《礼记》的注释说：“今季秋鸿雁来宾者，客止未去也，犹如宾客，故云客止未去也。”

[宋]鲍云龙《天原发微》说：“鸿雁来宾，云仲秋来者为主，季秋来者为宾，又云仲秋来则过去，季秋来则客止未去。”

一种解读是“雁以仲秋先至者为主，季秋后至者为宾”。古人把先来的鸿雁视为主，将后到的鸿雁称作宾。鸿雁迁飞，启程得早或晚，飞行得快与慢，时间相差一个月。白露时人们看到第一批鸿雁南飞，寒露时是最后一批鸿雁南飞。

寒露一候：鸿雁来宾（Swan geese get temporarily stranded on passage）

另一种解读是，无论早来的还是晚到的，在寒露时节还逗留此地的，都是“宾”。所以人们在寒露时节见到的鸿雁未必都是后来者，可能是仲秋飞来，季秋未去而已。

谚语“大雁不过九月九，小燕不过三月三”，是说大雁最迟（农历）九月九，寒露时节，该来的都来了；小燕最迟（农历）三月三，阳春时节，该回的都回了。

至于谁先来谁后到，也有人认为先来的是鸿雁中的力强者，晚到的是鸿雁中的体弱者。

[明]方以智《通雅》说：**“雁也，鸿雁来，雁北乡，雁父母也。鸿雁来宾，候雁北，雁之子也。白雁曰霜信小雁也。”**

但实际上，非实测者的解读中常有臆想的成分。鸿雁的迁飞虽是“自由行”，但却是扶老携幼的互助式旅行。

二十四节气起源的黄河流域地区，既不是鸿雁的度夏之地，也不是鸿雁的越冬之地。所以节气物语中所说的鸿雁之来去，大多是旅途中行色匆匆的鸿雁，往往只是“惊鸿一瞥”，或者只是在本地“服务区”稍微歇个脚、喝口水、吃顿饭的鸿雁。

但也有的雁群，是来了之后“乐不思蜀”地小住一段时间，于是人们视其为“来宾”。鸿雁来宾，是指最后的归雁。

在古代，有霜信之说。人们将鸿雁视为霜的信使。

[南北朝]鲍照有诗云：**“穷秋九月荷叶黄，北风驱雁天雨霜。”**

[宋]元好问有诗云：**“白雁已衔霜信过，青林闲送雨声来。”**

[宋]沈括《梦溪笔谈》说：**“北方有白雁，似雁而小，色白，秋深则来。白雁至则霜降，河北人谓之‘霜信’，杜甫诗云‘故国霜前白雁来’，即此也。”**

[明]毛晋《毛诗草木鸟兽虫鱼疏》说：**“（鸿雁）秋深方来，来则降霜。河北谓之‘霜信’。”**

对于北方地区而言，寒露的“鸿雁来宾”便是霜信，是初霜即将降临的预兆。

[宋]冯伯规《岁晚倚栏》云：**“问信迟宾雁，催寒有响蛩。”**

鸿雁飞、蟋蟀鸣，是古人意念之中寒凉天气视频方式和音频方式的报道者。

寒露二候：雀入大水为蛤

寒露二候：雀入大水为蛤（Clams are seen instead of birds）

秋冬季节，有两个鸟类化为贝类的候应，一是寒露二候雀入大水为蛤，一个是立冬三候雉入于大水为蜃。

《国语·晋语》说：“赵简子叹曰，‘雀入于海为蛤，雉入于淮为蜃。’”

[三国]韦昭对此注释：“小曰蛤，大曰蜃，皆介物蚌类也。”

“大水”通常被解读为海。

[汉]郑玄对《礼记》的注释说：“大水，海也。”

[汉]高诱对《淮南子》的注释说：“大水，海水也。”

[宋]鲍云龙《天原发微》说：“爵入大水化为蛤，飞化为潜也。”

古人察觉到，到了深秋和初冬时节，望来望去，很难见到鸟类了呢！

到水边一看，很多贝壳，颜色和纹理跟鸟特别相似。哦，“飞物化为潜物也”，原来是鸟类都变成了贝类。

“秋风响，蟹脚痒。”

“清明螺、端午虾，九月重阳吃爬爬。”

寒露重阳正是品味鱼虾蟹的“上时”。深秋寒露的“雀入大水为蛤”，仿佛是委婉地在对“吃货”们说：“别错过贝类肥美之时哦！”

我们可以不把“雀入于大水为蛤”这样的候应轻率地归为科学谬误。古人的生命观，不是生与死，而是生与化。生命不是消亡，而是转化。于是人们安然于生，泰然于死。“英雄生死路，却似壮游时”。让生命中少一些生离之苦、死别之悲。

我们愿意换一种思维方式去解读：古人或许也并非真的这样想，而只是一种善良且浪漫的愿望，是一种朴素的生命运化观——每一种生命，都没有消亡。在这个时节你看不见它，只是因为它变换了另一种存在的方式而已，夏天想飞的时候，有翅，能高飞于天；秋天想藏的时候，有壳，可深藏于海。

寒露三候：菊有黄华

《离骚》中便已有“朝饮木兰之坠露兮，夕餐秋菊之落英”的诗句，体现着孤傲与高洁。

“寒露百花凋”，但菊花偏偏在寒露时盛开。

菊花其实有很多种颜色，那为什么寒露物语说的只是“菊有黄华”呢？

[汉]高诱对《淮南子》的注释说：**“菊色不一，而专言黄者，秋令在金，以黄为正也。”**

[元]陈澔《礼记集说》说：**“鞠色不一，而专言黄者，秋令在金，金自有五色，而黄为贵，故鞠色以黄为正也。”**

[宋]鲍云龙《天原发微》说：**“菊有黄华，独记其色，以其华应阴之盛。愚谓五阴不能剥一阳。故吐其美为华。”**

因为黄色被视为菊花的纯正颜色，表征秋令之色。

“菊有黄华”是寒露三候的物候标识。但节气起源的黄河中下游地区现代的物候观测，“菊有黄华”的时间多在寒露一候。春早、秋迟的物候现象，说明以5日为节律的七十二候创立之时，当地气候比现在更为温暖。

寒露三候：菊有黄华（Golden chrysanthemums begin to bloom）

[唐]杨炯在《庭菊赋》中写道："及夫秋星下照，金气上腾。风萧萧兮瑟瑟，霜刺刺兮稜稜。当此时也，弱其志，强其骨，独岁寒而晚登。"

宋代《锦绣万花谷》说："拒霜花，树丛生，叶大而其花甚红。九月霜降时开，故名'拒霜'。"

明代《本草纲目》说："雁来红，茎叶穗子并与鸡冠同。其叶九月鲜红，望之如花，故名。吴人呼为'老少年'。"

虽说"得霜篱落剩黄花"，但将冬之时，菊花也并不孤独，还有诸如拒霜花、雁来红这样的花草，笑看渐寒的时令。

[清]禹之鼎《王原祁艺菊图》（故宫博物院藏）

不第后赋菊

[唐]黄巢

待到秋来九月八，我花开后百花杀。

冲天香阵透长安，满城尽带黄金甲。

"满城尽带黄金甲"，写的是寒露时节的菊花之盛。

欲霜或初霜的深秋时节，菊花作为秋之尾花展示着它凌霜傲寒的性情。明代画家沈周诗云："秋满篱根始见花，却从冷淡遇繁华。"这是冷淡时节的繁华。

霜降三候

霜降书法

霜降，九月中。气愈肃，露凝为霜也。

一候豺乃祭兽。以兽祭天，报本也。方铺而祭，秋金之义。二候草木黄落。色黄摇落也。三候蛰虫咸俯。皆垂头，畏寒，不食也。

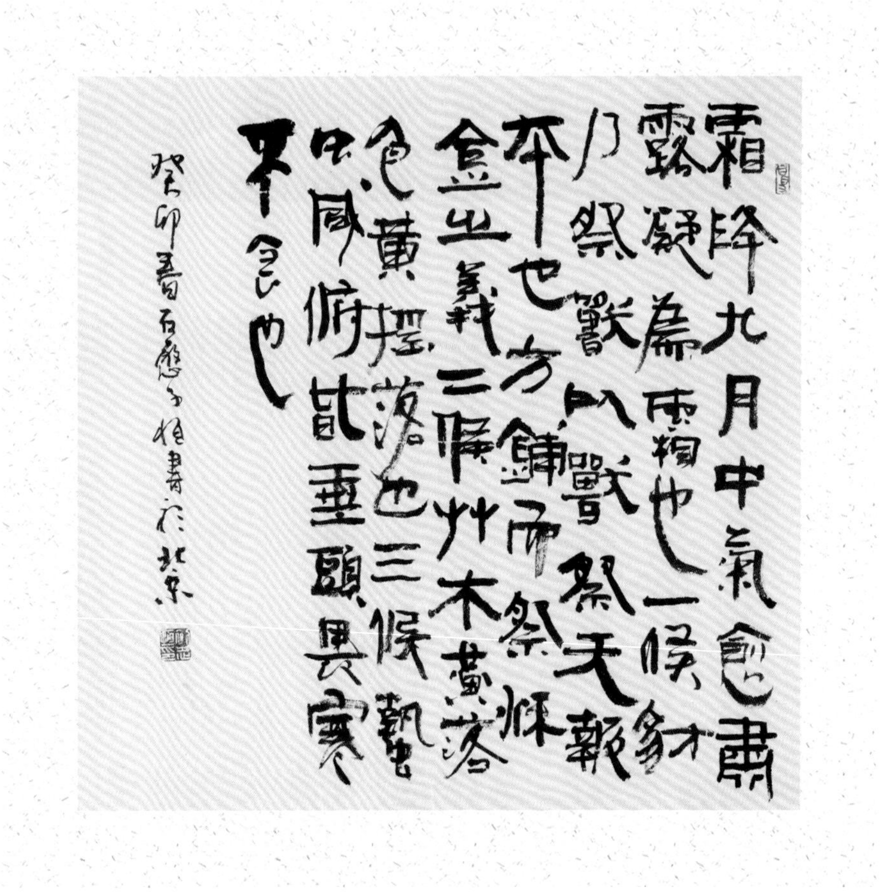

霜降一候：豺乃祭兽

霜降一候：豺乃祭兽（Jackals put down beasts as trophies）

什么是“豺乃祭兽”？

[汉]高诱对《吕氏春秋》的注释说：“豺，兽也，似狗而长毛，其色黄。于是月杀兽四围陈之，世所谓祭兽。”

[唐]孔颖达对《礼记》的注释说：“禽兽初得皆杀而祭之，后得者杀而不祭也。”

豺“以兽祭天，报本也。方铺而祭，秋金之义”，在古人看来，豺捕获食物，是顺应秋天的肃杀之气，而捕获食物之后仿佛祭祀的铺陈，体现了敬畏与感恩。

在古老的节气候应当中，有3个感觉与祭祀有关的候应，分别是：雨水一候獭祭鱼，处暑一候鹰乃祭鸟，霜降一候豺乃祭兽。

初春时节，“此时鱼肥而出，故獭而先祭而后食”。

初秋时节，鹰“先杀鸟而不食，与人之祭食相似”。

深秋时节，豺“杀兽而陈之若祭”。

它们都是在食用之前，仿佛举办一个成就展，把战利品陈列一番，“嘚瑟”一下。在古人看来，这是凶猛的动物心有敬畏、心存感恩的虔诚祭祀。

就时序而言，鹰之祭鸟是在初秋，豺之祭兽是在深秋。都是准备过冬的食物，但两者却相差整整两个月。看起来似乎是鸟类较兽类更敏感。或许兽类牙齿锋利、身手敏捷，所以艺高兽胆大。

但深层次的原因是，它们的猎物什么时候更多，更膘肥肉美。

兽类之所以在霜降之后才动手捕猎，原因有两个。

第一个原因是食物的品质问题。深秋时节食物的营养最丰富，谚语说：“霜降节，树叶落，鸡瘦羊肥。”

秋天，鸡因为春夏两季大量产蛋，所以瘦了，它是特例。其他的动物都胖了。小动物们每天都可以吃饱吃好，每天都在贴秋膘。所以处在食物链顶端的兽类，并不忙于捕猎，“让子弹再飞一会儿”，等到猎物膘肥体壮的深秋再下手。

第二个原因是食物的保质问题。鸟类的食物虽然有荤有素，但大多以素为主，是植物类的，例如籽粒、果实，经过晾晒、风干，很容易储存。但凶猛的兽类只吃肉、不吃草。如果它们在气温较高的初秋就大量捕猎，肉类保质期很短，很容易腐烂。所以在寒意袭人的霜降节气它们才开始集中捕猎。

“豺祭以兽，其陈也，方秋猎候也”，豺乃祭兽被视为人们可以开始秋猎的标识。

霜降二候：草木黄落

霜降二候：草木黄落（Vegetation withers）

秋暮时分的草木黄落特别撩拨人们的诗心。

汉武帝刘彻的《秋风辞》云："秋风起兮白云飞，草木黄落兮雁南归。兰有秀兮菊有芳，怀佳人兮不能忘。"

陶渊明《自祭文》云："岁惟丁卯，律中无射。天寒夜长，风气萧索，鸿雁于征，草木黄落。"

古人如何看待"草木黄落"？

"草木黄落"代表着时序的更迭，正所谓"叶黄凄序变"，同时提醒人们"伐薪为炭"，需要准备过冬御寒的炭火了。而从更深层次去品味，草木之绿出自黄土，秋深时与土色融为一体，回归黄土、反哺黄土，就此完成生于斯而归于斯的轮回。

《礼记·月令》：“（季秋之月）是月也，草木黄落，乃伐薪为炭。”

[宋]卫湜《礼记集说》载：“黄者，土之色，百昌皆生于土，而反于土。以其将反于土，故黄，黄故落也，落则反于土矣。草木黄落则以霜降，于是月而成物之功终焉故也。终则有始，故落又训始，伐薪为炭，则以御冬寒故也。”

在春天和夏天的节气物语中，动物和植物的主题词，是振：立春蛰虫始振；是动：雨水草木萌动；是华：惊蛰桃始华，清明桐始华；是秀：小满苦菜秀；是鸣：惊蛰仓庚鸣，立夏蝼蝈鸣，芒种鵙始鸣，夏至蝉始鸣；是出：立夏蚯蚓出；是生：谷雨萍始生，立夏王瓜生，芒种螳螂生，夏至半夏生……

无论是振是动是鸣，是华是秀，是出是生，都体现着万物的精彩和生命的活力。

草木返青有早有晚，开花结实有先有后。但霜降时节，草都枯萎了，叶都凋落了，有一种“一律格杀勿论”的感觉。

当然，这只是适用于节气起源地区的物语，植物四季常青的南方可以无视这一说法。

霜降时节，“青山隐隐水迢迢，秋尽江南草未凋”；立冬时节，“初冬景物未萧条，红叶青山色尚娇”。

《诗经》中，深秋时的伤感：“桑之落矣，其黄而陨。自我徂尔，三岁食贫。淇水汤汤，渐车帷裳。女也不爽，士贰其行。士也罔极，二三其德。”

深秋之时，桑叶枯黄凋落。自从嫁到你家，多年来忍受贫苦的生活。淇水滔滔，溅湿了车上的布幔。我有什么过错呢，可是夫君的感情已不再专注。

霜降三候：蛰虫咸俯

霜降三候：蛰虫咸俯（Insects slip into hibernation）

《诗经》："喓（yāo）喓草虫，趯（tì）趯阜螽。未见君子，忧心忡忡。亦既见止，亦既觏（gòu）止，我心则降。"

深秋之时，听那蟋蟀在叫，看那蚱蜢在跳。没有见到君子，我忧愁焦躁。倘若我见着他，偎着他，我愁绪全消。

什么是"俯"？

[汉]高诱对《吕氏春秋》的注释说："咸，皆。俯，伏藏于穴。"

[宋]鲍云龙《天原发微》说："蛰虫咸俯，皆垂头向下，以随阳气之在内也。"

俯，指蛰虫们垂下头的样子，说明都已经进入冬眠状态了。当然，在进入冬眠状态之前，一项工程要竣工——完全封闭洞穴。

在古人看来，蛰虫把自己密封在洞穴之中，是追随潜入地下的阳气。而从温度而言，土壤深处的温度远高于地表的温度，所以那里才是蛰虫的体感“舒适区”。

《礼记·月令》：“（季秋之月）**蛰虫咸俯在内，皆墐其户。**”

[唐]孔颖达《礼记正义》说：“**俯，垂头也，墐，涂也。前月但藏而坯户，至此月既寒，故垂头向下，以随阳气。阳气稍沉在下也。**”

所谓“蛰虫咸俯”，是蛰虫们关闭了门户，安居在洞穴深处。其潜台词也是在提示行走于户外的人们赶紧入室御寒。

这则候应，写起来很传神，但之于观测，却殊为不易。蛰虫咸俯，似乎也是一种“一刀切”，蛰虫们集体冬眠。有些动物即使不冬眠，也开始进入隐居状态。

古时候，“霜始降，百工休”，霜冻降临，是工匠们天气假期的开始。

为什么“百工休”呢？因为降霜之后，“寒而胶漆之作不坚好也”。

蛰虫咸俯之时，人们开始了虽未“咸俯”但关闭门户“猫冬”的日子。对于农民而言，“过罢秋，打完场，成了自在王”。秋冬交替之时，才能享有久违的自在。

秋天与冬天的物候分界线，是“蛰虫咸俯”；天气分界线，是“水始冰”，一切都回归自在的安静。

立冬 小雪 大雪 冬至 小寒 大寒

小寒三候

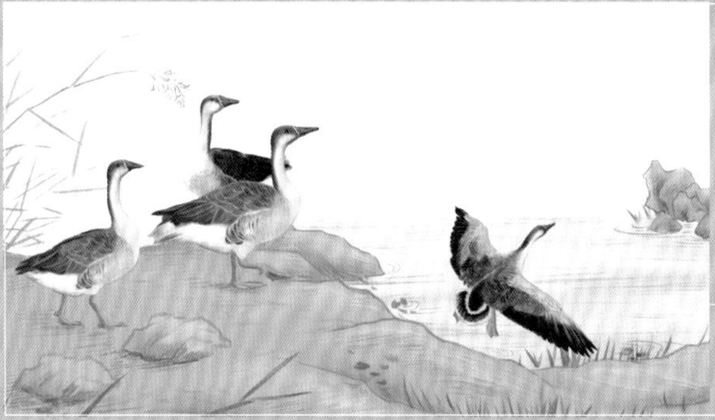

一候

258

小寒一候：雁北乡

小寒二候：鹊始巢

小寒三候：雉始雊

大寒三候

大寒一候：鸡始乳

大寒二候：征鸟厉疾

大寒三候：水泽腹坚

立冬　小雪　大雪　冬至　小寒　大寒

冬，

冬为安宁。冬之气和则黑而清英。

上句出自《尔雅·释天》，概括冬季气与象的属性；下句出自[宋]邢昺《尔雅注疏》，刻画冬季气与象的常态。

立冬三候

立冬书法

立冬，十月节。冬，终也。物终而皆收藏也。

一候水始冰。水而初凝，未至于坚，故曰始冰。二候地始冻。土气凝寒，未至于坼，故曰始冻。三候雉入大水为蜃。大水，淮也。

立冬一候：水始冰

立冬一候：水始冰（Water begins freezing）

古人认为，阴气凝结而为霜，阴气积聚而为冰。在阴气由凝结到积聚的过程中，完成了秋冬交替。《金史·河渠志》载：“春运以冰消行，暑雨毕。秋运以八月行，行冰凝毕。”冰凝之时，便是秋天的终结、冬天开始的视觉化判据。

[元]吴澄《月令七十二候集解》：**水始冰，水面初凝，未至于坚。**

所谓“水始冰”，是水面刚刚开始结冰，远非坚冰。用唐代元稹的话说，是“轻冰渌水”，薄薄的冰，清清的水，0℃的冰水混合物。

乌鲁木齐
新疆
哈尔滨
长春
吉林
沈阳
辽宁
呼和浩特
北京
天津
石家庄
银川
太原
西宁
济南
兰州
西安
郑州
合肥
南京
上海
拉萨
成都
武汉
杭州
重庆
南昌
长沙
钓鱼岛
赤尾屿
贵阳
福州
台北
昆明
台湾岛
广州
南宁
香港
澳门
东沙群岛
海口
海南岛
青海
西藏
四川
云南
广西
广东
贵州
湖南
湖北
河南
山东
浙江
福建
南海诸岛

立冬时节“水始冰”的区域

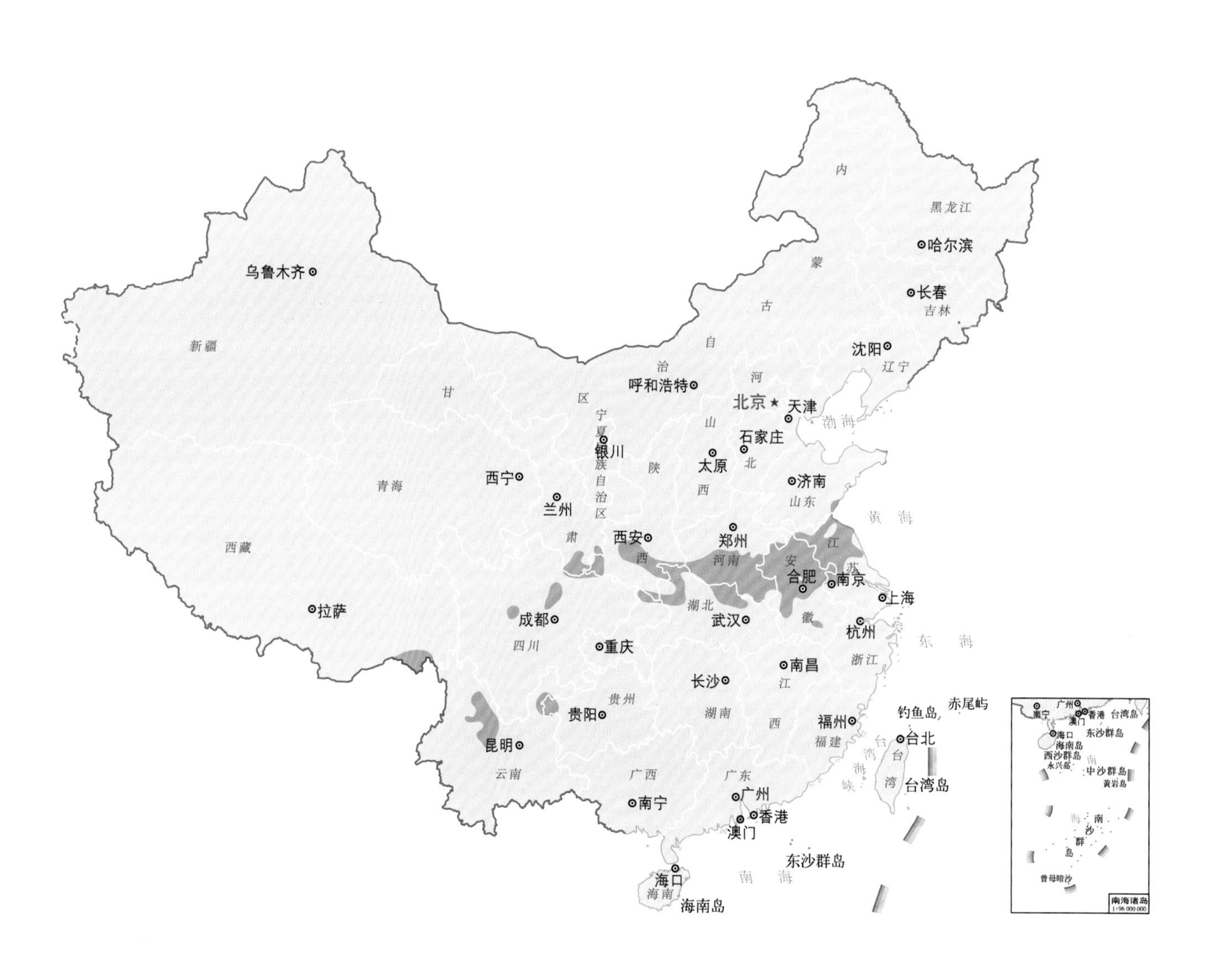
乌鲁木齐
新疆
甘
青海
西藏
拉萨
西宁
兰州
肃
宁夏回族自治区
银川
内蒙古自治区
呼和浩特
黑龙江
哈尔滨
长春
吉林
沈阳
辽宁
北京
天津
渤海
石家庄
河北
山西
太原
陕西
济南
山东
黄海
西安
郑州
河南
安徽
合肥
江苏
南京
上海
湖北
武汉
成都
四川
重庆
东海
浙江
杭州
南昌
江西
长沙
湖南
贵州
贵阳
福州
福建
钓鱼岛
赤尾屿
台北
台湾岛
台湾海峡
昆明
云南
广西
南宁
广东
广州
香港
澳门
东沙群岛
南海
海口
海南
海南岛
南海诸岛

小雪时节“水始冰”的区域

从立冬一候的水始冰，到大寒三候水泽腹坚，冰冻三尺非一日之寒，而是近百日之寒。冰冻的进程，是“孟冬水始冰，仲冬冰益壮，季冬冰方盛”。

所以，立冬是什么?

立冬就是由水到冰，由三点水（氵）到两点水（冫），从三点到两点，让世间简单一点。

由立冬到小雪，“水始冰”由黄河流域推移至淮河流域。（1981—2010年气候期）

[汉]高诱对《吕氏春秋》的注释说：“**霜降后十五日，立冬，水冰、地冻也，故曰始也。**”

由始霜到始冻，虽只是一个节气的时段，却也是由秋到冬的更迭。

立冬二候：地始冻

立冬二候：地始冻（Land begins freezing）

[元]吴澄《月令七十二候集解》说：“**地始冻，土气凝寒，未至于坼（chè）。**”

这是说，土地开始积聚寒气，开始冻结，但还没有冷到冻裂的程度。

无论是立冬一候水始冰，还是立冬二候地始冻，都只是“始”，还未“封”。要到飘雪时节，才逐渐进入冰封状态，“小雪封地，大雪封河”。

但节气起源地区的现代物候观测，水始冰的时间，通常是在小雪一候，延迟了大约一个节气。“地始冻”的时间，往往会延迟到小寒一候。所以水始冰、地始冻已经不能作为立冬时节的物候标识了。即使在北京，也要到大雪时节，平均地温才能稳定地降至0℃以下。

立冬三候：雉入大水为蜃

“雉入大水为蜃”中的“大水”在哪里？存在争议。

中国最早的物候典籍《夏小正》中对于“雀入大水为蛤”“雉入大水为蜃”中“大水”的表述是不同的。

《夏小正》云：“（九月）雀入于海，为蛤。”“（十月）玄雉入于淮，为蜃。”

应该是《夏小正》的这一表述，直接导致后来的注疏者大多认为“雉入大水为蜃”中的“大水”为淮水。

汉代郑玄、唐代孔颖达对《礼记》相应词条的注解均表述为“大水，淮也”。汉代高诱对《淮南子》相应词条的注解为“大水，淮水也”，汉代许慎的注解为“大水，淮也”。

但《说文解字》中的表述为：“蜃，雉入海化为蜃。”

立冬三候：雉入大水为蜃（Big clams are seen instead of pheasants）

蜃，是一种大蛤。古人认为，它能“吐气为楼台”，海市蜃楼便被认为是出自蜃气。

立冬三候雉入大水为蜃，是寒露二候雀入大水为蛤的续集。

在由秋到冬的过程中，各种候鸟飞走了，似乎各种留鸟也不见了。它们到哪里越冬呢?

人们在“补冬”之际，吃着各种蚝、各种蚌、各种蛤，发现其中大蛤的贝壳色泽和纹理很美，酷似雉鸡。于是人们似乎有了答案，留鸟们可能是到大水里越冬。

这当然只是一种假说，人们未必以此为训。

所以有人说 “雉之为蜃，理或有之”，它或许有道理；有人说“蜃蛤成于大水，原非亲见之言”，它只是传说而已。

当然入冬之后，野鸡并没有入水。它们只是隐居在山林之间。

从前在东北，人们以“棒打狍子瓢舀鱼，野鸡飞到饭锅里”来描述山林中的自然生态。

清康熙年间《盛京通志》说：“（顺治十一年,辽宁）十一月，大雪深盈丈，雉兔皆避入人家。”

严寒之时，野鸡甚至投怀送抱地跑到人们家里御寒。很多现象，都是始于假说，终于正解。

小雪三候

小雪书法

小雪，十月中。气寒而将雪矣，第寒未甚而雪未大也。

一候虹藏不见。阴阳气交为虹，阴气极，故虹伏，言其气下伏也。二候天气上升。三候地气下降。天地变而各正其位，不交则不通，故闭塞也。

小雪一候：虹藏不见

小雪一候：虹藏不见（No more rainbow）

在古人眼中，为什么小雪节气会“虹藏不见”，看不到彩虹了呢？

[汉]高诱对《吕氏春秋》的注释说：“虹，阴阳交气也。（孟冬）是月，阴壮，故藏不见。”他再对《淮南子》的注释进一步阐释：“蝱虹，阴中之阳也。是月阴盛，故不见，藏气之下伏也。”

[汉]郑玄对《礼记》的注释说：“阴阳气交而为虹。此时阴阳极乎辨，故虹伏。”

在古人看来，虹是什么？是“阴中之阳”，是阴气和阳气交合的产物。可是到了小雪节气，阳气已经没有与阴气争锋的能力了，所以我们也就看不到彩虹了。

所以古人是把“虹藏不见”当作一种标志，标志着阴气开始强盛到了没有对手的程度。阳气的态度变成了：我惹不起，但躲得起。

那什么时候阳气才重出江湖与阴气相抗衡呢？要到清明时节：清明三候虹始见。

也就是说，从小雪一候到清明三候，这将近5个月当中，阳气前半段完全是卧薪尝胆，后半段也只是小试身手。直到阳春三月，才敢与阴气一争高下，争斗历时7个月，于是我们也就拥有7个月的彩虹季。

小雪二候：天气上腾地气下降

当然，真实的情况是，彩虹只是太阳光照在雨后飘浮在天空中的小水滴上，被分解成了绚丽的七色光，也就是光的色散现象。

《释名》曰："冬曰上天，其气上腾，与地绝也。"

冬季是天之气上腾，与地之气相隔绝。

小雪二候：天气上腾地气下降，也简称"天腾地降"（Convection vanishes）

在古人的观念中，天地之间有两组“气”，一组是天气和地气；另一组是阳气和阴气。

一年之中的晴雨寒暑，是由阳气和阴气之间的消长、天气和地气之间的亲疏与聚散所造成的。

[唐]孔颖达在对《礼记》的注释中试图将“天气”与“地气”的升降与阴阳卦象结合：“若以易卦言之，七月三阳在上，则天气上腾，三阴在下，则地气下降也。今十月乃云天气上腾，地气下降者，《易》含万象，言非一概，周流六虚，事无定体。若以爻象言之，则七月为天气上腾,地气下降。若气应言之，则从五月地气上腾，至十月地气六阴俱生，天气六阳并谢，天体在上，阳归于虚无，故云‘上腾’。地气六阴用事，地体在下，阴气下连于地，故云‘地气下降’。各取其义，不相妨也。”

古代以阴气、阳气的视角，什么时候天气上腾地气下降呢？是立秋处暑所在的农历七月，因为三根阳爻在上，三根阴爻在下。但以天气、地气的视角，是立冬小雪所在的农历十月，因为上位的天气已归于虚无状态，而下位的地气已处于贯通状态。

小雪时节，从天上来的天之气向上升，从地下来的地之气向下降，相当于它们俩渐行渐远，谁也不理谁，相互之间没有了冷暖、干湿的交汇、交融，完全处于“冷战”状态。

此时阳气和阴气是处于什么样的状态呢？

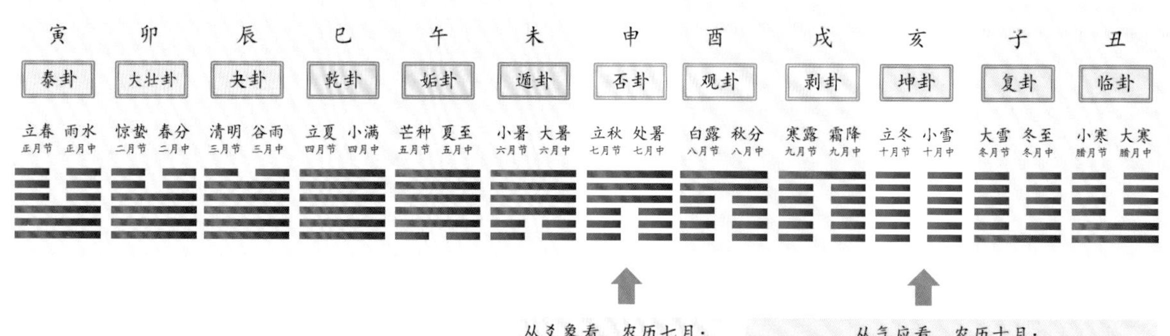

十二消息卦与“天气上腾地气下降”

汉代《孝经纬》说：“天地积阴，温则为雨，寒则为雪。时言小者，寒未深而雪未大也。”

这时“天地积阴”，阴气积聚、阳气潜藏，于是降水相态由雨转变为雪。

与燕子来了、桃花开了那些直观的节气候应相比，“天腾地降”这样的物语显得很抽象。

以现代科学的视角，降水的多与少，也是因为两种“气”。

夏天降水多，是因为干冷气团与暖湿气团的交汇；冬天降水少，是因为干冷气团一家独大，甚至“一统天下”。

而一年之中的寒暑变化，是因为太阳直射位置的变化。

夏至时，阳光直射北回归线，而且日照时间最长，太阳更青睐北半球；

冬至时，阳光直射南回归线，而且日照时间最短，太阳更偏爱南半球。

所以古人认为冬至时阴气达到鼎盛，然后盛极而衰，所谓“冬至一阳生”。小雪时节，阴气的气焰越来越嚣张，阳气完全没有还手之力，甚至连招架之功都没有。于是，虹藏不见，雨凝为雪。

小雪三候：闭塞而成冬

古代关于“闭”的孟冬月令有两个版本，一个是《礼记·月令》中的“闭塞而成冬”，一个是《吕氏春秋·孟冬纪》为“闭而成冬”。创制七十二候的《逸周书·时训解》采用“闭塞而成冬”版本。

[汉]高诱对《吕氏春秋》的注释说：“**天地闭，冰霜凛冽成冬也。**”

[汉]郑玄对《礼记》的注释说：“**门户可闭，闭之；窗牖可塞，塞之。**”

所谓“闭塞而成冬”，有两层含义：

一是随着“天气上腾地气下降”，天气与地气渐行渐远，它们的交流之“门”逐渐封闭，各自闭关。

二是人们也需要顺应天地之气而封闭门户。所以《礼记·月令》中强调：“天地不通，闭塞而成冬，命百官谨盖藏。”

小雪三候：闭塞而成冬（Land freezes completely）

[宋]张虙《月令解》对此阐述得更为详尽："天地交，泰，故春言和同。天地不交，否，故冬言闭塞。和同之时，天下皆知春之为春，不必告诏也。闭塞之时，天下虽知之，而或有不谨者，所以命有司也。苟知闭塞之义，则事事皆不敢肆矣。"

意思是：自立春雨水节气所在的孟春（对应泰卦）开始，天气与地气越来越亲近，人们以"和同"描述它们之间的关系。这时官方无须诏告天下春天来了，大家也都知道春天来了。自立秋处暑节气所在的孟秋（对应否卦）开始，天气与地气越来越疏远。到立冬小雪节气所在的孟冬（对应坤卦），天气与地气已断绝往来，天地闭塞之时，虽然大多数人也知晓，但总会有些人疏忽，所以"有关部门"就要周到地提醒民众封闭门户以应对寒冬。

因此，"闭塞"二字，体现着人们过冬之要义。门要关紧，窗要封严。所以"闭塞而成冬"是暗示人们要仿照天地之闭塞，最好安分地宅在家里，躲起来"猫冬"。这便是物候表达的余味所在。

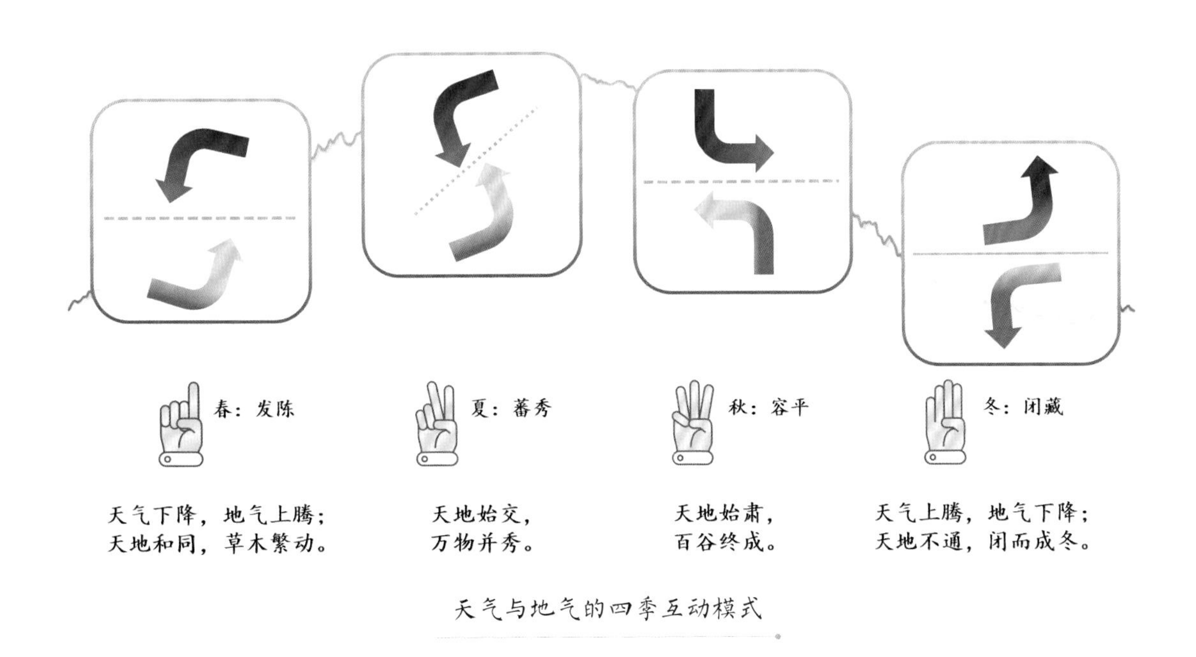

天气与地气的四季互动模式

我们常说交通、交通，不交则不通，不通则闭塞。

以古人基于天气地气的概念观察自然的视角，立冬和小雪所代表的孟冬，是“地气下降，天气上升；天地不通，闭而成冬”；立春和雨水所代表的孟春，是“天气下降，地气上升，天地和同，草木繁动”。

初春开始，上面的天之气向下，下面的地之气向上，它们俩变得很亲近甚至很亲密，不仅使世间越来越温暖，而且还联手酿造出越来越丰沛的降水，于是草木变得越来越繁茂。

可是到了初冬，天之气和地之气完全中断了“业务往来”。尤其是地气，钻入了地下，形成了自我封闭的状态，由此“闭塞”造就了万物的集体闭藏。

立冬时是水始冰、地始冻，是刚刚开始冻。随后的关键词，是“封”。小雪封地，大雪封河。小雪封田，大雪封船。大地完全处于封冻状态，于是“闭塞而成冬”。

我们如何理解古人所说的孟春“地气上腾”和孟冬“地气下降”？

以北京地区的气温和地温走势为例，北京是立春时节地温开始高于气温，“地气上腾”；立冬时节地温开始低于气温，“地气下降”。

在古人眼中，春天的天气与地气逐渐亲密，于是万物生发；冬天的天气与地气逐渐疏远，于是万物萧肃。天气与地气互动关系之亲疏，决定了这个世界的寒暖与万物的生消。

大雪三候

大雪。十一月節。言積寒凜冽。雪至此而大也。一候鶡鴠不鳴。陽鳥感六陰之極而不鳴。二候虎始交。虎感微陽萌動。故氣益盛而交也。三候荔挺出。癸卯春石憨子恒書廿四節氣之大雪

大雪书法

大雪，十一月节。言积寒凛冽。雪至此而大也。

一候鹖鴠不鸣。阳鸟感六阴之极而不鸣。二候虎始交。虎感微阳萌动，故气益盛而交也。三候荔挺出。

大雪一候：鹖鴠不鸣

大雪一候：鹖鴠不鸣（Flying Squirrels fall silent）

“鹖鴠不鸣”为《吕氏春秋·仲冬纪》版本，其他文献的表述略有不同，如《礼记·月令》中为“鹖旦不鸣”，《逸周书·时训解》中为“鹖鸟不鸣”，《淮南子·时则训》中为“䳋鴠不鸣”。

“鹖鴠”是鸟吗？为什么“鹖鴠不鸣”了？

[汉]高诱对《吕氏春秋》的注释说：“鹖鴠，山鸟，阳物也。是月阴盛，故不鸣也。”

[汉]高诱对《淮南子》的注释说：“鹖鴠，夜鸣求旦之鸟，是月阴盛，故不鸣。”

[宋]卫湜《礼记集说》载：“夜鸣而求旦，故谓之鹖旦。夫夜鸣，则阴类也。然鸣而求旦，则求阳而已。故感微阳之生而不鸣，则以得所求故也。”

[宋]鲍云龙《天原发微》载：“鹖鴠不鸣者，盖鸟之夜鸣求旦，乃阴类而求阳，故感一阳而不鸣。”

“鹖鴠”因为是“求旦之鸟”，所以有人将其归为阳物，鹖鴠不鸣的原因被解读为冬月阴气强盛；又因为它是“夜鸣之鸟”，所以有人将其归为阴类，鹖鴠不鸣的原因被解读为微弱的阳气萌生。

“鹖鴠”有着怎样的性状？

[晋]郭璞对《方言》的注释说：“鸟似鸡，五色，冬无毛，赤倮。”

[宋]陆佃《埤雅》说：“鹖，似雉而大，黄黑色，故其名曰褐而鹖。”

有人认为“鹖鴠”像鸡一样，有着五彩的羽色，但冬季并无羽毛。有人认为“鹖鴠”比雉鸡大，羽毛为褐色。

中国最早的鸟类典籍《禽经》说：“鹖，毅鸟也，毅不知死，状类鸡，首有冠，性敢于斗，死犹不置，是不知死。”

《左传》曰：“鹖冠，武士戴之，象其勇也。”

《后汉书》云：“羽林左右监皆冠武冠，加双鹖尾。”

“鹖鴠”被视为勇毅之鸟，于是人们托物言志，将士冠插鹖鴠之尾羽，既有威风凛凛的气势，也有视死如归的隐喻。

在古代的月令图解中，“鹖鴠”大多都被绘为锦鸡。

故宫博物院藏传为[南宋]夏圭《月令图》大雪一候·鹖鴠不鸣的图释文字这样写道：

鹖，求旦之毅鸟也。似雉而大，青色，首似戴冠。颜师古云：世谓之鹖鸡。惟辄好斗，故之而不知死。古者武士乃效为之冠，取其勇也。夜鸣则阴类，迎阳而不鸣，故曰鹖鴠不鸣。

最早提出“鹖鴠”为寒号虫的，或为[元]吴澄的《月令七十二候集解》：**“夜鸣求旦之鸟，亦名寒号虫，乃阴类而求阳者，兹得一阳之生，故不鸣矣。”**

[明]杨慎在《升庵集》中也指出：**“今北方有鸟，名寒号虫，即此也。”**

[明]方以智在《通雅》认为杨慎的这一说法可为定论：**“此升庵之确论。”**

但名为“寒号虫”的“北方之鸟”并不是真的鸟，而是鼠类，俗称飞鼠，学名叫作复齿鼯（wú）鼠。它的习性是昼伏夜出，但又偏偏惧怕寒冷，冻得哆哆嗦嗦，于是发出“哆啰啰”的叫声，所以也被称为“寒号虫”或“寒号鸟”。

尽管元明时期已有“鹖鴠”为寒号虫之说，“鹖鴠”依然被视为鸟类。

“鹖鴠”，是“夜鸣求旦之鸟”，夜深之时鸣叫，祈求天明。大雪时节长夜漫漫，冬寒凄凄，有负期盼，“求而不得也”，所以“其辛苦有似于罪谪者”的鹖鴠还是放弃了鸣叫。

所以，鹖鴠不鸣应该是一项表征昼短夜长的节气物语。

同时，到了大雪时节，想必是因为天气太冷了，寒号虫只好躲起来“猫冬”去了，于是冬夜变得安静了。从这个意义上说，鹖鴠不鸣也是一项表征天气寒冷程度的节气物语。

大雪二候：虎始交

大雪二候：虎始交（Tigers start courtship）

在古人眼中，虎和龙一样，似乎都是天气变化的源动力。正所谓“虎啸生风，龙腾云起”，一个主宰风，一个主宰水，它们的跃动，造就着自然时节的风生水起。

在《易纬通卦验》中有“立秋虎始啸，仲冬虎始交”之说，以虎的行为界定秋冬之气。

[汉]高诱对《吕氏春秋》的注释说：“虎，阳中之阴也，阴气盛，以类发也。”

[宋]鲍云龙《天原发微》说：“虎始交者，亦阴类感一阳而交也。”

古人认为，虎“今感微阳气益甚也，故相与而交”。在微阳萌动之时，虎被赋予了生发的能量、阴阳交合的冲动。

古人以5天一候的节律进行物候观测所得到的物语，也被称为“候应”，即在一候的时段内生物对于天时的反应。其中一些是观测难度系数很高的候应。

难度系数高，有的是因为辛苦，例如立春二候的“蛰虫始振”，要清晰观测到蛰虫在地下半梦半醒，舒展筋骨的神态。有的是因为危险，例如大雪二候的“虎始交”，要清晰观测到寒冬时虎的交配。

“虎始交”能够成为节气候应，也说明在万物萧瑟的冬季，人们找寻节气物候标识的难度，已经到了需要深入山林无人之境的程度。

即使在老虎并不罕见的古代，近距离观测到老虎交配，也只能是偶然得之。然后通过样本数的逐渐累积，将这种可遇而不可求的偶然型发现升华为正史所认可的节气候应，可见古人的物候观测来自于“众筹”。

大雪三候：荔挺出

大雪三候：荔挺出（Hardiest grass sprouts）

在先秦时期，仲冬之月的植物物候标识有两项，一是“荔挺出”，一是“芸始生”。

[唐]孔颖达《礼记正义》说：“芸始生、荔挺出者，以其俱香草故，应阳气而出。”

[宋]鲍云龙《天原发微》说：“荔挺出，荔，香草，感阳而香。”

芸，是芸芸众生的“芸”，是一种香草，芸香驱蠹。而“荔挺出”现代人更为生疏，进入了考据学的领地。

什么是“荔挺出”？

[汉]郑玄对《礼记》的注释说：“荔挺，马薤（xiè）也。”

[汉]高诱对《吕氏春秋》的注释说：“荔，马荔；挺，生出也。”

《说文解字》中对“荔”和“薤”均有解读：“荔，草也，似蒲而小，根可为刷”“薤，菜也，叶似韭”。

《本草纲目》说：“高诱云河北平泽率生之，江东颇多，种于阶庭，但呼为旱蒲，不知即为马薤也。”李时珍认为它是又名荔实的马帚。但[清]段玉裁在《说文解字注》中明确否定了李时珍的说法。

从能食用、有雅香、可为刷这几个特征猜测，“荔挺出”或许指的是马兰。

英译时，通常将其译为Chinese Iris（马兰）。我们还是将其宽泛地译为Hardiest grass（最耐寒的草），其指征意义在于：在大雪时节，耐寒之草在冰冻和积雪的条件下，顽强地萌发。

无论“荔挺出”还是“芸始生”，都代表寒冬中不屈的生灵以及稀有的生机。

这会使我们联想到天山的雪莲、顶冰花，可以冒着雪生长，顶着冰开花。

【与“冬”字有关的几种草木】

冬瓜

唐代《证类本草》中说：“白冬瓜，一二斗许大，冬月收为菜，又蜜饯代果，可以御冬，故曰冬瓜。今皆误书曰东，盖因西瓜之对也。”

忍冬

《辞源》中说：“忍冬，药草名。藤生，凌冬不凋，故名忍冬。三四月开花，气甚芬芳。初开蕊瓣俱色白，经二三日变黄，新旧相参，黄白相映，故又名金银花。”

冬青

明代《本草纲目》中说：“冬月青翠，故名冬青，江东人呼为冻青。”

冬至三候

冬至书法

冬至，十一月中。日南阴极而阳始生也。

一候蚯蚓结。六阴寒极之时，蚯蚓交结如绳。二候麋角解。冬至一阳生，麋感阳气故角解。三候水泉动。水者，一阳所生。一阳初生，故泉动也。

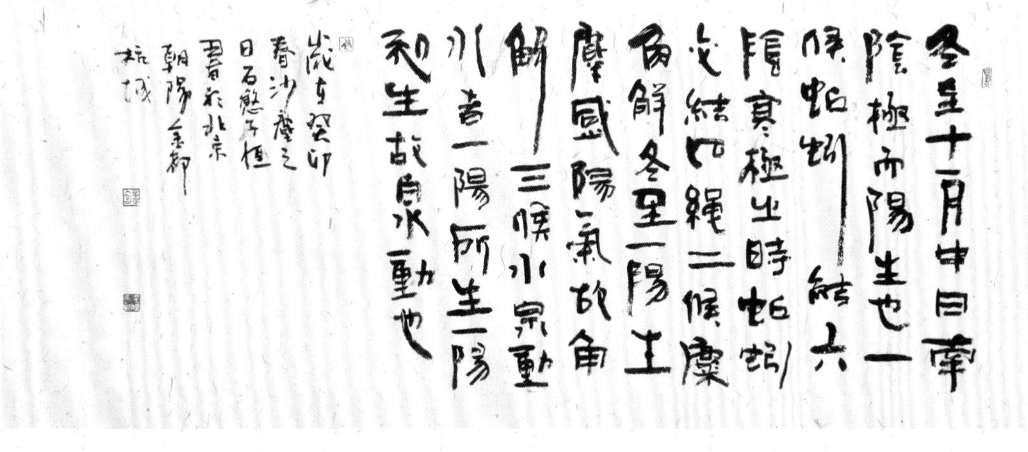

冬至一候：蚯蚓结

冬至一候：蚯蚓结（Earthworms bend upward）

什么是“蚯蚓结”？

所谓“结”，是指弯曲。

[汉]蔡邕《月令章句》说：“结，犹屈也。蚯蚓在穴，屈首下向，阳气气动则宛而上首，故其身结而屈也。”

[明]顾起元《说略》说：“蚯蚓结，六阴寒极之时，蚯蚓交相结而如绳也。”

古人认为，蚯蚓是阴曲阳伸的生物。地气趋于寒冷之时，蚯蚓的身体是向下的。进入冬至时节，阳气微生，蚯蚓的头开始转而向上，所以这个时候，蚯蚓身体的形状像是打了结儿的绳子一样。

这段描述虽然很有趣，但在天寒地冻的冬至时节，观测藏身地下的蚯蚓，身体的形态在一个确切的时间节点发生这么微妙的变化，而且还要在相当数量的观测样本中提炼共性，这是多么玄妙的一项物候观测啊！

农历十一月也被称为畅月。关于畅月之“畅”，有两种说法。

一种说法是畅代表充实。按照[元]陈澔《礼记集说》中的说法，是：“**言所以不可发泄者，以此月万物皆充实于内故也。**”即万物都要充实阳气而不能发泄阳气。

另一种说法是，阳气一直屈缩着，现在终于可以伸展了，感觉很畅快，所以叫作畅月。但无论哪种说法，说的都是所谓阳气。

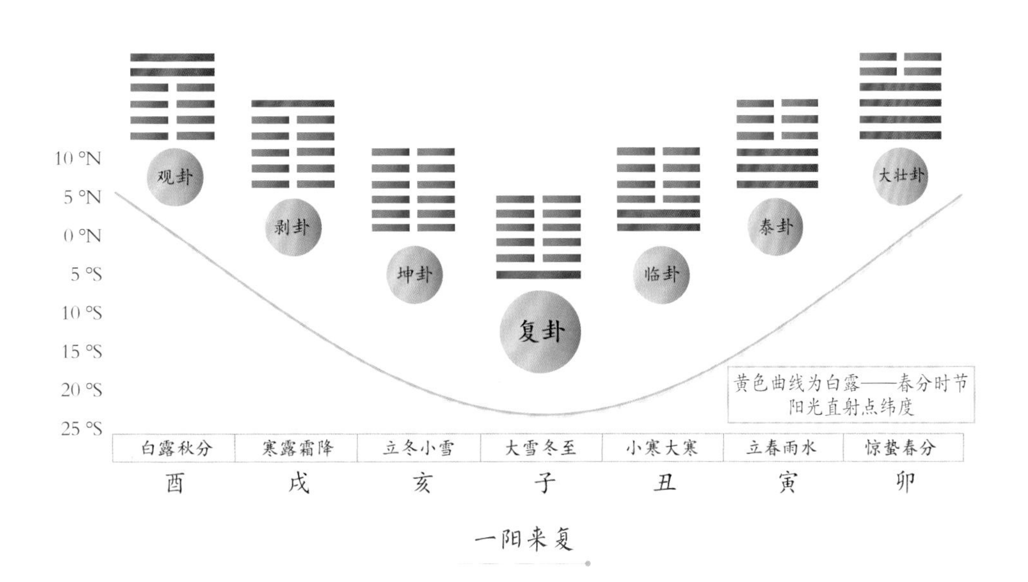

一阳来复

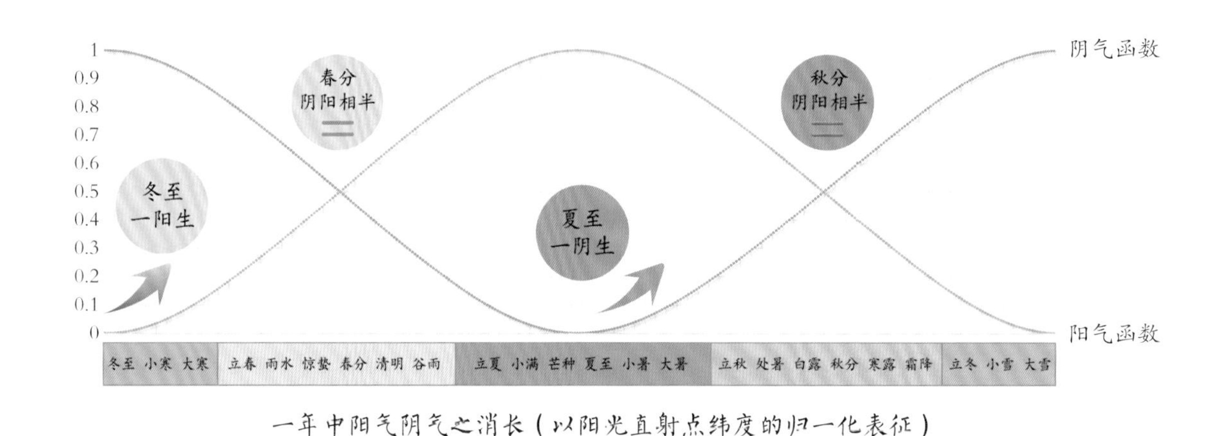

一年中阳气阴气之消长（以阳光直射点纬度的归一化表征）

在古人看来，“蚯蚓结”是阳气舒畅伸展的开始。

在易卦体系中，复卦始有一阳爻，临卦有两阳爻，故有“一阳来复，二阳来临”之说。在古人看来，隆冬时节阳气已悄然萌生。

从阳光直射点来看，冬至是太阳“转身”的时候，白昼自此增长，阳气自此生发，这便是天文视角下的“一阳来复”。

由阳光直射点纬度的均一化，冬至日起的日序值所形成的阴阳二气函数曲线（回归年尺度）。

古人以回归年尺度内阴气与阳气的消长关系，表征季节更迭、寒暑流转背后的动力所在。

冬至二候：麋角解

冬至二候：麋角解（Elk horns shed）

[宋]鲍元龙《天原发微》说：“**麋多欲而善迷，则阴类也；故冬至感阳生而角解。**”

麋，即俗称的“四不像”。《夏小正》中便已有“陨麋角”的物候记载。古人认为麋为泽兽，属阴。“麋为阴兽，冬至阴方退，故解角，从阴退之象”“冬至一阳生，麋感阳气故角解”，冬至一阳生之际，麋鹿感到阳气萌发，麋角脱落，此乃“阴退之象”。

但对于冬至“麋角解”这项物候标识，历来存在争议。

[唐]孔颖达在《礼记正义》中写道：“**麋角解者，说者多家，皆无明据。**”方家只是注疏，并无实测证据。随着麋鹿在野外的逐渐绝迹，冬至“麋角解”之说实难验证。

直到清代，乾隆帝还在考证冬至是否“麋角解”的问题。

乾隆三十二年冬至，他重读《礼记·月令》时，疑惑于此，便特地派人到鹿场中查验。结果，被称为“麈（zhǔ）”的麋鹿，有的果真在解角，这为冬至“麋角解”找到了“实锤”。于是乾隆帝命令钦天监修改《时宪历》中“鹿与麋皆解角于夏”的错误，还特地写了一篇《麋角新说》，感慨道：“天下之理不易穷，而物不易格，有如是乎？”

通过一篇基于实测的论文，我们可以看出麋角解大致是在冬至到惊蛰时节。

观测的时间地点：2008年12月—2009年3月，在北京麋鹿苑半散养区。

观测对象：麋鹿雄性成体34头，拾获鹿角56具（82%）。解角具有群体的普遍性。

解角期：2008年12月19日（冬至前2天）—2009年3月5日（惊蛰）。解角期持续近80天。总体而言是年老个体先解角，年轻个体后解角。

该项实测表明，麋角解始于冬至前后，并持续到惊蛰。雄性麋鹿通常于小满时节发情，雄性麋鹿之间以鹿角对峙或角斗。所以，麋鹿冬季解角，待初夏发情时茸角骨化，恰好可以用于实战。[①]

2022年9月3日摄于江苏盐城的中华麋鹿园，这里汇集了全球约60%的麋鹿品种
（摄影：中国天气·二十四节气研究院 沈中）

① 张智，等，2010.不同年龄麋鹿角的脱落时间与形态特征比较[J].四川动物，2010（6）：868-873

而随着实测数据的逐步积淀，我们得以进行更细化的分析。由北京南海子麋鹿苑2011—2022年冬季麋鹿解角状况，可以看出麋鹿的解角集中于大雪—冬至—小寒时节（占比约83.2%）。最早解角10月28日，最晚解角2月8日，跨度为104天。其中较重的角先脱落，较轻的角后脱落。

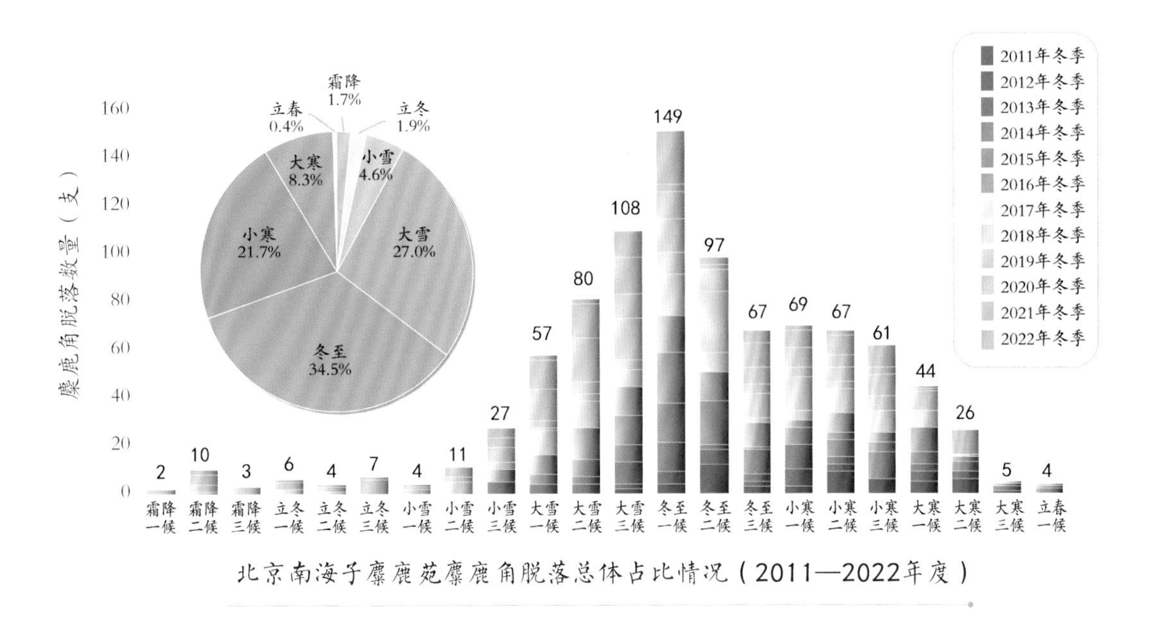

北京南海子麋鹿苑麋鹿角脱落总体占比情况（2011—2022年度）

以节气尺度衡量，冬至是麋鹿解角概率最高的时段；以候尺度衡量，冬至一候是麋鹿解角概率最高的时段。冬至麋角解具有物候依据，但“冬至二候麋角解”存在一定偏差。①

研究表明，麋鹿解角时间与海拔、经纬度、年平均气温等因素并没有显著的相关性。那它是由什么决定的呢？麋鹿种群具有随着光周期变化的角周期，换句话说，麋鹿的解角时间是由一年之中日照变化的节律所决定的，麋鹿解角于白昼最短时段。所以冬至一候麋角解更契合光周期的节律特征。②

在不同的气候期、不同的纬度带，麋鹿解角的时间可能存在一定的差异，所以《逸周书》中的冬至二候“麋角解”之说大体上是可信的。但公元522年北魏《正光历》中将“麋角解”定位于小寒二候，偏后整整一个节气，其是否基于严谨的实测，存疑。

① 程志斌，刘定震，白加德，等．麋鹿鹿角脱落、群主更替、产仔的年节律及其环境影响因子．生态学报，40(18):6659-6671．

② 程志斌，白加德，钟震宇，2016．麋鹿鹿角生长周期及影响因子．生态学报，36(1):59-68．

冬至三候：水泉动

冬至三候：水泉动（Ice-covered spring itches to surge）

《淮南子·天文训》说：“日冬至，井水盛，盆水溢。”

[元]陈澔《礼记集说》说：“水者，天一之阳所生，阳生而动。言枯涸者，渐滋发也。”

冬至“水泉动”，是指因为阳气萌生，井水开始上涌，泉水开始流动。这是基于水因阳生而动的概念，未必指人们可以看到泉水涌动，或许只是暗涌而已。所以我们进行英译时将“水泉动”译为Ice-covered spring itches to surge（冰封之泉意欲喷涌）。

紫禁城内敬胜斋有乾隆帝题写的匾联：“看花生意蕊，听雨发言泉。”夏季之美，在于倾听雨中泉水如人语喧哗般的声音。

但冬至的“水泉动”，并非“言泉”，古人意在此时的水不再沉寂，不再是“默泉”，不再是完全干涸或者冰凝的状态了。这是古人感知时令的见微知著。

冬至“水泉动”，或许是提醒人们，天寒地冻之时，不要忽略阳气的萌生。

小寒三候

小寒书法

小寒，十二月节。近小春，故寒气犹小。

一候雁北乡。雁避寒而南，今则北飞，禽鸟得气之先故也。二候鹊始巢。至后二阳，已得来年之气，鹊遂为巢，知所向也。三候雉雊。雉，阳鸟也；雊，阴阳同鸣，感于阳而有声也。

小寒一候：雁北乡

小寒一候：雁北乡（Swan geese head north）

《夏小正》记为“雁北乡”，《逸周书》记为“雁北向”。因在古文中“乡”（繁体“鄉”）与“向”通，所以人们大体上从方向和家乡这两个维度解读“雁北乡”。

鸿雁有度夏地、有越冬地，为什么以北方为家乡呢？

《夏小正》：“雁北乡，先言雁而后言乡者，何也？见雁而后数其乡也。乡者，何也？乡其居也，雁以北方为居。何以谓之居？生且长焉尔。‘九月遰（dì，去）鸿雁’，先言遰而后言鸿雁，何也？见遰而后数之，则鸿雁也。何不谓南乡也？曰：非其居也，故不谓南乡。记鸿雁之遰也，如不记其乡，何也？曰：鸿不必当小正之遰者也。”

按照《夏小正》的解读，雁为什么以北方为乡呢？因为北方是它们出生和成长的地方，是真正的家乡。而南方是它们短暂的避寒之所，至多是“第二故乡”。

“雁北乡”，寒冷的正月，鸿雁真的在向北迁飞吗？

[唐]孔颖达《礼记正义》说：“**雁北乡有早有晚，早者则此月北乡，晚者二月乃北乡。**”

有人认为，就像白露一候鸿雁来、寒露一候鸿雁来宾一样，雁群的启程有早有晚，飞行有快有慢，所以有先有后。

至于为什么会绵延一两个月呢？

[晋]干宝的解释十分清奇：“**十二月雁北乡者，乃大雁，雁之父母也。正月候雁北者，乃小雁，雁之子也。**”他的理念是“盖先行者其大，随后者其小也”，不惧严寒的大雁在小寒时节先探路，羽翼未丰的小雁在雨水时节再跟进。

直到清代，康熙年间的《钦定月令辑要》仍以这样的观点为正解：“**十二月雁北乡，亦大雁，雁之父母；正月候雁北，亦小雁，雁之子也。**”

但这样解读小寒一候雁北乡，一直引人疑惑。

大雁需要栖息在水生植物丛生的沼泽、湖泊边，以鱼、虾和水草为食。秋天大雁南飞是因为北方水面冻结，难以觅食。

而小寒时的黄河流域正是最寒冷的时候。此时如果大雁飞向北方，中途无法补充给养，即使能到达漠北的越冬地，那里同样处于无法栖息的封冻状态。

人们觉得小寒时鸿雁北飞有违常情，所以历代的很多学者试图提供合理化的解释。

[元]陈澔《礼记集说》说：“**雁北乡，则顺阳而复也。**”

人们认为“雁北乡”是鸿雁顺应阳气的提前启程。或许这是人们按照鸟类“得气之先”的逻辑所进行的一番跨越空间的猜测。

[明]郎瑛《七修类稿》说：“**二阳之候，雁将避热而回。今则乡北飞之，至立春后皆归矣。禽鸟得气之先，故也。**”

他另辟蹊径地认为，所谓“雁北乡”，并非是节气起源地区的人们所见，而是说大雁刚刚从越冬地启程或准备启程，雨水二候的“候雁北”，才是雁群达到中原地区的时间。

我们再看汉代学者对“雁北乡”的解读。

[汉]高诱对《吕氏春秋》的注释说：“**雁，在彭蠡之泽，是月皆北乡，将来至北漠也。**”

[汉]高诱、许慎对《淮南子》的注释均为：“**雁，在彭蠡之水，皆北向，将至北漠中也。**”

这样的解读是比较恰切的，此时节鸿雁的迁飞应该不是“现在进行时”，而是“一般将来时”。

“雁北乡”的乡，乃趋向之义，或许只是超前感知时令变化的大雁开始念及自己的北方家乡而已，是天寒之时“虽不能至，心向往之”，是“身未动，心已远”。在我看来，蒙古族民歌《鸿雁》中的“天苍茫，雁何往，心中是北方家乡”所刻画的便是“雁北乡”。

[宋]陆游《野步至近村》诗云：“**随意出柴荆，清寒作晚晴。风吹雁北乡，云带月东行。**”对于鸿雁而言，若有暖风自南而来，御风而行，北向而飞，妙然天助。

物候历固然能使气候变得鲜活直观，但有一个问题（时段上的漏洞）。春生、夏长、秋收还好，因为无论是田里的、水中的、天上的物候现象都足够丰富，每个节气都可以挑选出很多种具有观赏性和代表性的物候现象，甚至多到难以取舍。

但是，物候历在冰天雪地的小寒时节就面临着巨大的挑战。草木枯萎了，蛰虫冬眠了，用柳宗元的话说，是“千山鸟飞绝，万径人踪灭”。如何才能找到活着的物候现象呢?

好在，柳宗元观察得不够仔细，即使在小寒节气，也并没有“千山鸟飞绝”。有一种超越寒暑的全天候生灵，可以成为任何一个时段的物候标识。

小寒二候：鹊始巢

小寒二候：鹊始巢（Magpies begin nesting）

[汉]高诱对《吕氏春秋》的注释说：“鹊，阳鸟，顺阳而动，是月始为巢也。”

[宋]鲍元龙《天原发微》说：“鹊知岁所在，以来岁之气兆，故巢也。”

[明]李时珍《本草纲目》说：“鹊，季冬始巢。开户背太岁，向太乙。知来岁多风，巢必卑下。”

喜鹊是留鸟，也被古人视为阳鸟，被以为能够感知新岁将至。于是在对应小寒大寒的冬季时节喜鹊开始衔草筑巢，准备孵育后代。

但对喜鹊开始筑巢的确切时间，人们有不同的见解。

《淮南子·天文训》说：“阳生于子，故十一月日冬至鹊始加巢。”

清代《钦定授时通考》载：“至后二阳，已得来年之气，鹊遂为巢，知所向也。”

换句话说，冬至是开始有喜鹊筑巢的时段，小寒是有更多喜鹊筑巢的时段。而且冬至、小寒只是“动工”，到春天才能“竣工”。

[汉]郑玄对《诗经》的注释说：“鹊之作巢，冬至架之，至春乃成。”

[唐]孔颖达对《礼记》的注释说：“鹊始巢者，此据晚者。若早者，十一月始巢。”

喜鹊虽有很多鹊巢，但都是用来住的，不是用来“炒”的。

喜鹊是具有专业级筑巢技能的鸟儿，但辛辛苦苦筑好了巢，却常有其他的鸟儿“鸠占鹊巢”。

【《诗经》中的喜鹊】

《诗经》云：“维鹊有巢，维鸠居之……维鹊有巢，维鸠方之……维鹊有巢，维鸠盈之……”

喜鹊是勤劳而专业的筑巢者，但往往其巢的“业主”却变成了布谷鸟。

《诗经》云：“鹑之奔奔，鹊之彊彊。”

“奔奔”和“彊彊”是描述鹌鹑、喜鹊“居有常匹，行则相随”，出双入对的幸福样子。

很多人读来，就像读到“落花人独立，微雨燕双飞”，有一种“被虐”的感觉。

从前人们觉得喜鹊既能报喜，还能报天气，似乎它深谙“阴阳向背，风水高下”之道，所以通过观察鹊巢来占卜气候。

唐代《朝野佥载》说：“鹊巢近地，其年大水。”

明代《农政全书》说：“鹊巢低，主水；高，主旱。俗传鹊意既预知水，则云：终不使我没杀，故意愈低。既预知旱，则云：终不使晒杀，故意愈高。”

按照《农政全书》的描述，喜鹊如果预感到今年可能涝，就故意把巢筑得低，心里说：“你还能淹死我？”如果它预感到今年旱，就故意把巢筑得高，心里说：“你还能晒死我？”

这段描述让人感觉，喜鹊是一种很有个性的动物。

小寒三候：雉始雊

小寒三候：雉始雊（Pheasants start mate calling）

“雉始雊”这项物候标识，古有不同的版本。

《夏小正》记为“雉震呴”，《吕氏春秋》记为“乳雉雊”，《礼记》和《淮南子》记为“雉雊”，《逸周书》记为“雉始雊”。

正值最寒冷的时节，但对于喜鹊、雉鸡而言，似乎它们的春天已经来了。

《诗经》云：“**雉之朝雊，尚求其雌。**”

清晨时分雉鸡便开始鸣叫，这是它们的求偶之声。

在二十四节气的物候标识之中，小寒“雉始雊”是整个冬季唯一的“鸟语”。

什么是“雉始雊”？

《说文解字》载：“**雊，雄雉鸣也。雊，雄性雉鸡的求偶之声。**”

[唐]孔颖达对《礼记》的注释说：“**雄雉之于朝旦雊然而鸣，犹为求其雌雉而并飞也。**”

《夏小正》的描述更具情节感：“**雉震呴，呴也者，鸣也；震也者，鼓其翼也。**”

“雉震呴”，是指雄性雉鸡在求偶时一边振翅，一边鸣叫。

[元]陈澔《礼记集说》说：“**雉，火畜也，感于阳而后有声。鸡，木畜也，感于阳而后有形。**”

[明]李时珍《本草纲目》说：“**雉始雊，谓阳动则雉鸣，而勾其颈也。**”

古人认为雉鸡是阳鸟，雊是“阴阳同鸣”，是冬至后感受到阳气之萌生而发声的。

除了与阳气有关之外，古人往往还将“雉始雊”与雷相勾连。

[汉]蔡邕《月令章句》：“**雷在地中，雉性精刚，故独知之应而鸣也。**”

[宋]罗愿《尔雅翼》：“**十一月，雷在地中，雉先知而鸣。**”

古人认为冬月里雉鸡鸣叫，就是因为听到了来自地下的雷声。

但也有人通过观测，认为雉鸡鸣叫的时间应该是始于初春时节，所以对小寒“雉始雊”提出质疑，例如[清]曹仁虎《七十二候考》之“考雉雊于小寒，时犹太早”。

动物大多是春天求偶，所谓春心萌动。但人们认为雉鸡在寒冬能感受到来自地下的阳气潜萌、来自地下的雷鸣，以为自己的春天来了，于是求偶。

如果我们用一句话来串联小寒节气的3项物候，那就是：

雁北乡，是想回家；鹊始巢，是想安家；雉始雊，是想成家。

大寒三候

大寒十二月中時已二陽而寒威更甚者閉塞不盛也則發泄不盛所以啟三陽之泰此造化之微權也一候雞乳乳育也雞不畜陽而出於陽故乳二候征鳥厲疾至此而有猛厲迅疾也三候水澤腹堅冰徹上下皆凝故曰腹堅

大寒书法

大寒，十二月中。时已二阳，而寒威更甚者。闭塞不盛，则发泄不盛。所以启三阳之泰，此造化之微权也。

一候鸡乳。乳，育也。鸡不畜，丽于阳而有形，故乳。二候征鸟厉疾。至此而有猛厉迅疾也。三候水泽腹坚。冰彻上下皆凝，故曰腹坚。

大寒一候：鸡始乳

大寒一候：鸡始乳（Hens begin hatching eggs）

“鸡始乳”这项物候标识古有不同版本。例如《吕氏春秋》和《礼记》记为“鸡乳”，《淮南子》记为“鸡呼卵”，《逸周书》记为“鸡始乳”。

到了小寒大寒隆冬季节，动植物该枯萎的枯萎，该冬眠的冬眠，世间白茫茫的、静悄悄的，只有鸟类还时不时地出现在人们的视野之中。

这时候，除了鸟类，人们环顾四周，实在找不到更丰富的物候现象，怎么办呢？

[汉]高诱对《淮南子》的注释说：“鸡呼鸣，求卵也。”

[元]吴澄《月令七十二候集解》说：“鸡乳，育也。鸡，木畜也，得阳气而卵育，故云乳。”

[明]顾起元《说略》说：“大寒，十二月中，鸡乳，乳，育也。”

自家养的“六畜”，牛羊马鸡狗猪，这些家禽家畜，也成为了观测对象。于是就有了大寒一候“鸡始乳”，也就是在一年中最寒冷的时节，家里的鸡，开始孵小鸡了。

《夏小正》中也曾将“初俊羔助厥母粥”作为二月物候，刚刚断奶的小羊开始自己去吃青草了；将“颁马”作为五月物候，把怀孕母马同其他马匹分开放牧。但“初俊羔”“颁马”，最终并未被列入七十二候之中。

大寒“鸡始乳”，也被视为家居生活中阳气萌生的标识。这是一个完全没有观测难度和观测风险的物候现象。于是，鸡作为家禽家畜的代表，成功入选七十二候。

其实，人们很早就开始将鸡视为感知和预测风雨的“专家”。《诗经》中便有“风雨凄凄，鸡鸣喈喈……风雨潇潇，鸡鸣胶胶”的描述，谚语中有“鸡晒翅，天将雨”“鸡发愁，雨淋头”“家鸡宿迟主阴雨”之类的说法。

大寒二候：征鸟厉疾

大寒二候：征鸟厉疾（Falcons keep sharp）

“征鸟厉疾”这项物候标识，古有“征鸟厉疾”和“鸷鸟厉疾”两个版本。

所谓“鸷”，语义很清晰，与凶猛或击杀相关。

[汉]许慎《说文解字》：“鸷，击杀鸟也。”

[南北朝]顾野王《玉篇》：“鸷，猛鸟也。”

所谓“征”，是指以击杀为目的的飞行，不是闲适的翱翔，而是警觉的盘旋。征鸟的击杀动作体现着“厉”和“疾”两大特征。

[元]陈澔《礼记集说》：“以其善击，故曰征。厉疾者，猛厉而迅疾也。”

[明]顾起元《说略》：“征鸟厉疾。征，伐也，杀伐之。鸟乃鹰隼之属，至此而猛厉迅疾也。”

对于什么是“疾”，人们的认知较为一致，“疾”体现迅疾敏捷。但什么是“厉”？古人有不同的解读。有人认为是高，有人认为是猛。

[汉]高诱对《吕氏春秋》的注释说：“征，犹飞也；厉，高也。言是月，群鸟飞行，高且疾也。”

[唐]孔颖达对《礼记》的注释说：“征鸟谓鹰隼之属也，谓为征鸟如征厉严猛疾捷速也。时杀气盛极，故鹰隼之属取鸟捷疾严猛也。”

[宋]张虙《月令解》说：“征鸟以为鹰隼，似失之拘。征鸟犹言过鸟也。以寒气之极，凡飞禽之类为寒所逼，无云飞之意。行于空中者，皆猛厉迅疾也。”

鹰隼在捕食过程中的高超水准，体现在两个关键字：一是描述威猛的“厉”，体现力度；二是描述敏捷的“疾”，体现速度。

征鸟厉疾刻画的情景是：冰天雪地的大寒时节，高居食物链顶端的鹰隼之类的掠食者也常常忍饥挨饿，于是在空中盘旋，一旦发现猎物就迅猛地俯冲、扑食，并无“鹰乃祭鸟”式的仪式感。人们感觉此时征鸟之凶悍，异于往常。

征鸟厉疾，可谓隆冬“杀气盛极”的现场直播。

大寒三候：水泽腹坚

大寒三候：水泽腹坚（Ice layer reaches peak time）

什么是“水泽腹坚”？

[汉]郑玄对《礼记》的注释说：“腹，厚也。此月，日在北陆，冰坚厚之时也。”

[唐]孔颖达对《礼记》的注释说：“此月冰既方盛，于时极寒，冰实至盛而云方盛。此谓月半以前小寒之节，冰犹未盛，故云方也。至于月半以后，大寒乃盛。水泽腹坚者，腹，厚也。谓水湿润泽，厚实坚固。”

[宋]鲍云龙《天原发微》说：“水泽腹坚者，冰坚达内谓腹厚。”

所谓“水泽腹坚”，体现的是冰层达到了最厚实、最坚硬的时候。

《诗经》云：**“二之日凿冰冲冲，三之日纳于凌阴。”**即腊月凿取冰块，正月置入冰窖。

[元]陈澔《礼记集说》说：**“冰之初凝，惟水面而已，至此则彻，上下皆凝。故云腹坚。腹，犹内也。藏冰正在此时，故命取冰。”**

立冬之时的冻只在最浅表，如同冰冻在肤；大寒之时的冻是在最深处，如同冰冻入腹。于是人们取冰、藏冰，以供来年盛夏之用。

我们常说天寒地冻，因天寒而地冻。但实际上，天寒与地冻之间存在明显的“时间差”。

每天气温的波动经常上蹿下跳，但地下的温度对气温波动的响应既有滞后，又有衰减。地表以下1米的深层地温往往是“我自岿然不动”。

谚语：

小雪封地，大雪封河。

小寒冻土，大寒冻河。

土地和水体表面封冻之后，随着温度的继续降低，冰层和冻土层厚度缓慢增厚，向纵深发展。

气温骤降，可以是一日之寒，一股寒潮便能强行换季。但冰冻三尺非一日之寒，由薄冰到坚冰，体现的是累积效应。

腹有坚冰气自寒，或许在古人看来，“水泽腹坚”是更具底蕴的寒冷，是寒冷的最高境界。所以我们不能单纯以气温论英雄。